KOUNO Yasuko and WATANABE Akio
河野康子＋渡邉昭夫
[編著]

安全保障政策と戦後日本 1972〜1994

記憶と記録の中の日米安保

The Long After War and Japan's Security Policy Changes

千倉書房

陸軍航空隊の拠点として1922(大正11)年に開設された立川飛行場は、1945(昭和20)年の敗戦に伴い米軍に接収され、朝鮮戦争時には兵員や物資の輸送などに使用された。英語での表記は「Tachikawa Air Base(立川基地)」であったが、日米安全保障条約上の施設名称は「立川飛行場」とされた。1955(昭和30)年、騒音問題に端を発した基地拡張反対運動(砂川闘争)が始まり、1957(昭和32)年の強制測量をきっかけに砂川事件(基地拡張に反対するデモ隊の一部が基地内に立ち入ったとして、いわゆる「日米地位協定」違反で起訴された)が起こると、1959年には駐留米軍の合憲性が最高裁で争われるに至る。一連の闘争には全学連も参加しており、1960年の安保闘争、全共闘運動といった、後の学生運動の先駆けとなった。砂川事件の裁判によって基地拡張計画は支障を来し、米軍は1968(昭和43)年に滑走路延長計画の中止を発表、その翌年には横田飛行場(横田基地)への機能移転が発表され、立川飛行場での飛行活動は全面的に停止された。1977年11月30日、日本側に全面返還された飛行場跡地は、その後、広域防災基地や国営昭和記念公園などとして活用されている。カバー写真の「三本煙突」は、立川陸軍航空工廠時代からのもので、返還後も長らくそのままの姿を留めていたが、2014年秋に解体された。

カバー写真
立川飛行場跡地の三本煙突
撮影:尾仲浩二(1989年)

はしがき

KOUNO Yasuko
河野康子

本書は一九七〇年代から一九九〇年代にかけての日本の安全保障について、その思想的淵源を探ろうとするものである。本書に収められた各論文は、共通して議事録や関連資料などの一次資料を読み込みつつ、資料から立ち上がってくる有識者或いは政策決定者の認識、つまり安全保障観を明らかにしようとしている。言い換えれば安全保障政策について政治過程論分析の方法でアプローチするのではなく、資料のなかに現われた多様な認識を手掛りとして安全保障をめぐる思索の流れを把握しようとしたのである。その結果、本書はデタントから新冷戦を経て冷戦終結へ、という世界史的な変容の中で日本の安全保障をめぐる思想を跡づける試みとなった。

一連の共同研究は、二〇一二年二月に発足した「樋口懇研究会」に端を発している。同研究会は、渡邉昭夫先生が所蔵する防衛問題懇談会（当時、座長を務めた樋口廣太郎アサヒビール会長にちなんで「樋口懇談会」とも呼ばれた）の資料を読みつつ、渡邉先生にインタビューすることを目的としており、発足にあたっては河野の他、沖縄問題を専門とする平良好利氏が参加した。二〇一三年に入ると、渡邉先生の紹介で、樋口懇の事務局を担当された高見澤将林氏のインタビューを行うとともに、メンバー拡充のため安全保障研究を専門とする宮岡勲先生の参画を仰ぎ、ご快諾をいただいた。研究会は、二〇一三年秋頃までに樋口懇談会資料の検討をほぼ終えたが、その過程で一九七〇年代の安全保障構想へと研究の関心を広げることとなった。契機となったのは、樋口懇が対象とする冷戦終結後の安全保障に関する研究を深める為には、一九七〇年代まで遡り、そこから一九九〇年代を俯瞰するという方法が欠かせないとする、渡邉先生の強い示唆に他ならない。

こうして改めて一九七〇年代の安全保障をめぐる研究の必要性が認識され、この分野に詳しい若手研究者の参加を求めることとなった。その結果、板山真弓さん、小伊藤優子さん、真田尚剛さんという、それぞれ安全保障問題で博士論文執筆中または執筆直後という気鋭の方々が新たに参加して下さったのである。こうして二〇一三年一二月に「七〇年代日米安保研究会」が発足した。本書の構成が、「七〇年代日米安保研究会」の成果たる第一部と、「樋口懇研究会」の成果である第二部から成っているのは、そのような理由からである。各部の冒頭でも概説を加えるが、第一部は、渡邉先生から提供を受けた「沖縄基地問題研究会議事録」と「安全保障問題研究会議事録」を分析した二本の論文、および防衛庁におけるこの問題のキーパーソンであった久保卓也に関する論文から成る。第二部は防衛問題懇談会について議事録と関連資料を読み込み、各執筆者の問題関心に沿いつつ日本の安全保障構想が形作られていく過程と背景を追った三本の論文となっている。

研究会は二〇一二年から二〇一六年まで約四年間にわたり、その間、メンバーを拡充しつつ研究の幅を広げてきた。数カ月に一度の割合でメンバーが相互に報告を担当し、その場で渡邉先生のコメントをいただき、更なる議論を重ねた。毎回の研究会では、渡邉先生のコメントに続いてメンバーそれぞれの専門領域から鋭い質問や意見が飛び交い、活発な議論に、しばしば時間の経過を忘れたことを、今、思い返している。

我々が時間の経過を忘れた主な理由は、何よりも、渡邉先生のコメントが常に深く、しかも刺激的であったことにある。その談論風発ぶりは当該報告へのコメントにとどまらず、歴史学と国際政治学の領域を相互に自由に行き来する感があり、文字通り目の覚めるような展開となったことが忘れられない。渡邉先生は明治政治史研究から研究者としてスタートされた後、沖縄返還の通史をテーマとして国際関係論の博士号（Ph.D）を得た多彩な経歴の持ち主である。そうした研究の道程を身近な座談を通して語って下さったことは「貴重な経験」という一言では言い尽くすことができない感興の深い時間であった。その意味では、毎回の研究会で先生のコメントを伺う機会そのものが、メンバーにとって至福のときであり、それこそが四年に亘る長期の研究会を持続させた原動力になったと思う。毎回の研究会には（少なくとも自分が報告者となったときを除いて）、今日の話題の行方はどうなるのか、わくわくしながら参加したものであった。

本書に盛り込まれた「樋口懇研究会」と「七〇年代日米安保研究会」の成果を一言で示すのは至難の業であるが、あえて表現すれば、日本の安全保障政策を、有識者の認識を通して歴史的に俯瞰し、その思想的な位置づけを行った、ということになろうか。一九七〇年代以前の日本は安全保障という分野で政府の立場を表明すること自体に、相当のリスクがあった。一九六五年の三矢研究をめぐって国会で厳しい追及が行われ、議論が紛糾するに至ったことを想起するとき、安全保障分野にかんする政策構想の存在そのものがタブーとも言うべき位置にあったことは否定できない。防衛庁だけでなく外務省においても、国会答弁に立つ条約局長が、日米安保条約と憲法との整合性確保に腐心した時代が比較的長く続いたのである。一九七〇年代は、ようやくそのタブーが解かれ始めた時期であった。さらに、八〇年代には、これも長きに亘ってタブーであった「同盟」という表現が内閣レベルで定着し始める。つまり、日本の安全保障と日米同盟が、政策的な正統性の模索を続け試行錯誤した歴史こそが、一九七〇年代から一九九〇年代であった、と言っても良いのかも知れない。

なお、執筆者それぞれの分析・評価を尊重する意図から、一部の用語・書式などについて敢えて統一を図らなかったことをお断りしておく。

ともあれ四年にわたる研究会の成果をもとに、ようやく本書をまとめることができたことは望外の幸せである。言葉には尽くせぬ思いもあるが、改めて研究会の生みの親であり育ての親である渡邉昭夫先生に深くお礼を申し上げたい。また、研究会にも参加し、出版事情の厳しい中、本書の刊行をお引き受け下さった千倉書房の神谷竜介さんにも、心からのお礼を申し上げたい。

安全保障政策と戦後日本　1972〜1994——記憶と記録の中の日米安保

序章

「樋口レポート」の歴史的位置づけ
──研究者として、当事者として

WATANABE Akio
渡邉昭夫

はじめに

本書の成り立ちと構成については、河野康子氏執筆のはしがきが委細を尽くしているので、繰り返す必要はない。ただ、そこで説明されているように、私自身の本書における役割は、やや特殊なものであった。一面では、当事者（敢えて言えば「歴史の証人」）として、手許の一次資料（記録）および自分の記憶の中にあるものを共同研究者たちに提供する形で貢献し、同時に私もまた、その共同研究者のひとりとして討論に参加している。そこで本章は、主に自分史と日本の公共政策（主に外交・安保政策）の歴史との接点を探る方法で記述していきたい。

私が市井の一研究者の立場を超え、国の政策決定過程に最も近く接したのは、細川護熙内閣から羽田孜内閣を経て村山富市内閣までの数カ月間「防衛問題懇談会」の委員を務めた際であった。その懇談会の議事録と報告書

（座長を務めた樋口廣太郎アサヒビール会長の名を冠して「樋口レポート」と一般に呼ばれている）が手許に残っていたことから、幸いにもその記録を、第三者の眼から見て解釈し分析する共同研究者の作業に自分も参加するという貴重な機会を与えられた。言い換えれば、研究者の側に立つと同時に研究の対象者でもあるという珍しい経験をしたのである。樋口レポートについては、後の章で詳しく扱われるので、本章ではレポート以前と以後にまたがる日米安保関係の歴史的変遷の全体像を視野に入れて議論をしたい。

1　一九七〇年代論

歴史の流れも河の流れと同様の特質を持つ。激しい急流もあれば、ゆっくり目立たぬ底流もあり、また紆余曲折もあって、単純な一本の流れではない。多くの読者は共感してくれるだろうが、戦後史の大きな曲がり角は、一九六〇年の安保改定とその後の所得倍増の時代への急転換にあった。ニュージャーナリズムの旗手として世に現れ、鋭敏な時代感覚をもって印象的に一つの時代相を描いて見せた沢木耕太郎氏によれば、「一九六〇年代はアンポに明け、バイゾーに暮れた。一九六〇年代とは「アンポ反対」を叫んだ人びとがやがて「所得倍増」の幻想にからめとられ、流れに巻き込まれていった時代といえる」[1]。今般の第二次安倍晋三内閣の安保法制への反対を通じて、ある種のプレーバックを経験したように感じている平成生まれの若い人たちのなかには、我々は「アベノミクス」の叫び声に絡め取られたりはしないぞと警戒する一方、多少、あの時代のことを想像できる人がいるかも知れない。

では、所得倍増を目指した池田勇人内閣の時代に、アンポはすっかり忘れさられてしまったテーマであったのだろうか。やや先走った言い方になるかも知れないが、アンポ（政治・外交）と経済は時々の強弱の変化はあっても、戦後七〇年の日米関係に一貫して流れている持続的な二大テーマであったと言えそうである。「安保」に焦点を当てて日米関係を扱う本書においても、何処かでそのことを覚えておく必要がある。例えば、憲法改正論、防衛力増強論、何より安保改定を推進したため、あたかもアンポ一点張りの政治家であったように思われている岸信介も、経済の自立と経済立国、経済外交を重視していたし、経済力を基礎とする国力に不釣り合いな軍事力を持つのは宜しくないという認識の持ち主であったことを忘れてはいけない。逆に経済だけが、池田の関心事であったわけではないことは池田勇人が『国際問題』の一九六三年一一月号に寄せた「外交づいたということ」と題する文章をみればわかる。

ところで、戦後日本の対外政策の枠組みは「一九四六年憲法」と「日米安全保障条約」および「対日講和条約」の三つの文書で与えられたと言って良い。後の二つはともに一九五一年にアメリカのサンフランシスコで調印された。この二つの国際条約と違って、「憲法」は国内の法規だと言えるが、その成立の経緯から見て、さらにその後の日本の国際的地位を強く規定してきたという機能から見て、これもある種の「条約的文書」だったという評価は、それほど無理ではない[2]。この三つの文書のすべてが、第二次大戦後の体制の基礎を作った戦勝国アメリカの意思と能力の産物――ジョン・アイケンベリー風に言えば、After Victoryの所産[3]――だと言えよう。その意味で、以下の物語は、Occupied Japan（占領下の日本）を出発点とする、そこからの脱却の物語である。

注意すべきは、いわゆるアンポをめぐる政治的争点は、実は、安全保障条約の本体に関する「政策的」なものというよりは、その実施のための行政協定に関するものであったという事実である。吉田茂首相・外相の下で条約局長として事に当たった西村熊雄が、条約そのものよりも行政協定に腐心したことは、西村の書いた文章や当時の発言によく現れていた。言葉を換えて言えば、在日米軍のための基地と地位協定が、彼の関心事であった。それは、優れて行政（administration）的な問題であった。試みに、アメリカのワシントンDCにある公文書館を訪れて、日米関係の外交文書のファイルを開いてみよ。その初期のものは、ほとんどすべてが、米軍基地周辺の騒音とか基地労働者の問題、そして「環境汚染」（当時はそのような表現はなかったが）、米兵による交通違反の取り締まりと言った類いの地味で細々とした問題が、その内容であるのを知って驚くはずである。アジアにおける日本の安全保障上の役割とか防衛力のあり方とかに関する「実質的」な問題が日米間でどのように議論されていたのかを知りたいと思ってこれらのファイルを開いた人は失望するに違いない。

このような次第で、「基地問題」は、安全保障条約体制下の日米関係のそもそもの出発点から一貫して存在し続けたのである。そしてそれは確かに、技術的で地味な問題ではあったが、日本国民が肌身に感じ取る「アメリカ」であって、日米安全保障条約に基づいて駐留する在日米軍は、名目はともあれ、「占領軍」となんら実態は変わらないものであり、その意味で国民感情を刺激する高度に「政治的」な問題でもあった。従って、「日米パートナーシップ」を謳いあげる狙いを持った岸・アイゼンハワー共同声明(一九五七年六月二一日)は在日米地上兵力を向こう一年以内に大幅に削減することを確認し、その合意に従って、それまで日本本土に駐留していた第三海兵師団の一部は逐次削減され、沖縄へ移された。留意すべきは、本土の基地問題と沖縄の基地問題とが、トレードオフの関係にあるという事実である。この点を含め、アジア地域における海外基地に関する当時のアメリカ政府の考え方については、ダレス国務長官の'Policy for security and peace'[4]という論文が参考になる。それによれば朝鮮戦争後も「自由ブロック」に対する中ソブロックの軍事的脅威は長期にわたるだろうという予測のもとに、それに対抗できる持続性のある有効な戦略体制が必要となるが、そのためには高度の移動性をもったアメリカの海空軍力と原子力兵器による抑止力を中核とし、それに、同盟国において調達・維持できる通常地上兵力を有機的に組み合わせた「共同防衛力」(power on a community basis)がなければならない。アメリカの海外基地は、ダレスの抱くこのような「集団安全保障体制」の不可欠部分であったのである。こう述べた後でダレスはかかる海外基地の運営方法について、つぎのように記している。「これらの基地は、その提供国の申し出に基づいてはじめて設けられるものであり、その使用に当たっては、通常提供国の同意が法律的に必要な条件であり、(そうでなくても)実際問題としてその同意なしには使えない。このような基地の使用は、それが明白な侵略に対抗するためであることがはっきりしており、基地使用の目的が、かかる侵略の範囲・性質に十分関連があると（提供国によって）認められないかぎり、このようにして、これらの海外基地が（個々の国家目的のためにではなく）共同目的のために役立っているという保証が得られる」[5]。

これを私なりに言い換えると、「同盟国」の軍隊のために提供されるのが、海外基地である。弟子の池田宛の書簡で、「共同防衛、国際相依（国際的相互依存）の今日、自主とか、双務とか陳腐なる議論」と書いて岸の安保改定に当初批判的であった吉田茂（吉田はやがて岸の安保改定支持へと立場を変える）のように、主権概念が相対化された戦後世界において、国際的な集団安保体制の一部分として、サンフランシスコ体制を受容する人々と違って、「自主」についてのナショナリズム的なこだわりは捨て難かった多くの国民にとっては、米軍基地の存在は、「相互依存」とか「集団安保」の象徴というより、「対米依存」や「独立の未完成」の象徴であった。

私自身が大学入学前後に経験した内灘闘争（一九五二年）や砂川事件（一九五七年）の例にみるように、サンフランシスコ講和直後から、そのようなものとしての「基地問題」は日本の政治過程における重要なテーマとなっていた。いわば「問題の流れ」は前々からあったし、所得倍増一色だったかに見える池田政権下でも、そのことに変わりはなかった。それにもかかわらず、それが「政策の流れ」となるのは、本書第二章（小伊藤論文）が論じているように、佐藤栄作内閣期の基地基本法成立（一九六六年六月）を待たねばならなかった。だが、その段階では、まだ政府の関心は「基地対策」的なものにとどまっていた。

基地問題を超えて、日米安全保障条約の将来そのものが問われるようになったのは、安保改定から一〇年を経た一九七〇年であり、「日米相互協力及び安全保障条約」（一九六〇年一月一九日署名）の第一〇条（条約の期限）に従えば、この条約が一〇年間効力を存続した後は、いずれの締約国も、他方の締約国に対してこの条約を終了させる意思を通告することができ、その場合には、その通告後一年でこの条約は終了する、ということになっていたことを受けて、そのような通告をするべきか、それとも「自動延長」とするかの選択の余地が生じたことを契機としてであった。それとほぼ時を同じくして佐藤政権が沖縄返還を最優先の課題として取り上げたために、この一九七〇年問題と沖縄問題とが、微妙に絡むことになった[6]。

このような背景で発足したのが「沖縄基地問題研究会(以下、基地研と略記)」であったが、返還後の沖縄の基地の態様を問題としたこの「基地研」は、「核抜き本土並み」という佐藤首相の意思決定に影響を与えたことでその役割を終え、やがて、より長期的な課題として安全保障をめぐる日米関係の在り方をテーマとする「安全保障問題研究会(以下、安保研と略記)」に衣替えするに至った。

一九七〇年代は、黄金時代と呼ばれた六〇年代の後を受けて、アメリカの覇権に陰りが生じる中で、ドル金の交換停止を含む「新経済政策」をニクソン大統領が発表するが、この経済政策におけるニクソンショックと並んで、米中国交関係の突然の樹立を告げたニクソンショックが、一九七〇年代初頭の国際関係における新時代の到来を告げたのである。アメリカが佐藤政権による要求に応じて沖縄返還に踏み切った背景にどのような国際情勢に関する読みがあったのかは、十分に明らかになっていないが、安保研の構成メンバーが分析に取り組んだのは、複雑な変動の様相を示す国際情勢とそのなかでの日米関係の行方であった。中でも、この研究会が関心をもったのは、アメリカの前方展開兵力が削減される傾向が見えてきたなかで、日米安全保障条約体制がどのように変貌してゆくのか、例えば在日米軍基地が有事駐留的なものに変わるのか、日本に求められる米軍支援の性質如何などの問題であった。この研究会の政策決定過程上の位置付けには曖昧な点があり、そこでの議論が政府の現実の政策にどの程度具体的な影響を与えたのか、答えは簡単ではないが、我々の手許にある安保研の議事録の内容を紹介し、その読み方の一例を示すことが、本書の狙いの一つであった。

2　一九八〇年代から樋口レポートまで

安保研の場で議論の対象とされた一九七〇年代を、一言で特徴付ければ、アメリカの覇権の衰退と国際的相互依存の深化の時代であった。大平正芳総理の政策研究会のために高坂正堯氏が主になってまとめた「総合安全保障」グループの報告書は「一九七〇年代の国際情勢の変化の中で、最も基本的な事実は、なんと言っても、アメリカの明白な優越が、軍事面においても、経済面においても、終了したことである」として、その結果、「日本は、戦後初めて、自助の努力について真剣に考えなくてはならなくなったし、日米間の全般的な友好関係だけでなく、軍事的な関係が、現実によく機能しうるよう準備しなくてはならなくなった」と述べている[7]。本書が分析した安保研の議論と、表現はややことなるが、平仄《ひょうそく》のあった認識がそこには示されている。そして、「八〇年代に日米関係は大きな試練の時を迎えよう」とこの「総合安全保障」グループの報告書が述べているように経済摩擦の八〇年代がやがて訪れるのである。

高坂氏と同じく安保研のメンバーであった永井陽之助氏が、この時代をどう読んだかを、しばらくのちに発表された論文「80年代の国際環境と日本外交」[8]を手がかりにして次に見ておこう。多岐にわたる論点を含む永井論文の内容を短い章で詳しく紹介するのは適切でないだろうから、一、二の論点に絞って検証する。永井氏は、一九七一年が戦後世界政治の「分水嶺の年」であったというニクソン大統領の外交白書の言葉に言及しつつ、真の変化は一九六八年から六九年にかけて生じた一連の事件であり、なかでもソ連のブレジネフ共産党書記長によるアジア集団安全保障構想と、アメリカのニクソン大統領によるグアム・ドクトリンが重要であったと指摘する。そして少し先をみると、それから一〇年後の七八年から七九年にかけて生じた、米中正常化、イラン革命、ソ連軍のアフガン侵攻などが八〇年代を大きく規定する歴史的大転換であったと述べている。八〇年代は「前例のない歴史的な乱気流の時代」であり、今日ほど日本外交の困難性が自覚され、整合性と一貫性を持った国家戦略の確立が要請されている時はないと言う。歴史上前例がないとか、未曾有であるといった強調の表現に捉われる必要はないが、日本外交の困難性をもたらす具体的な状況として永井氏が指摘するのは、米国の力の相対的低下、米国がソ連に対して圧倒的優位を享受した時代が去ったという事実であり、その新たな東西間の力関係のもとでの米国と西欧および日本との同盟関係の再調整(傍点は筆者)が八〇年代の最大の問題であるというのである。アメリカの力の相対的低下という場合、この永井論文を含め、当時の日本の安保派の念頭にあったのは、ソ連との関係においてであって、いわば東西冷戦の枠組みが彼らの思考の大前提となっていたことがわかる。だが、現在に至る、その後の事態の展開との関連では、永井論文の以下の指摘が多分より重要だと考えられる。すなわち、「米中日三角関係に内在する不可避的な疑心暗鬼」という問題である。それと関連して「アジア新秩序への模索」が語られている。本章のこれまでの議論の流れから言うと、少し脇道にそれる感じがするかもしれないが、ここでやや立ち入って、この問題への永井氏の関心の在り方をしばらく考察の対象としてみよう。

太平洋の東西に位置するアメリカと中国とに挟まれた日本という捉え方自体は格別新奇なものではないが米ソ対決の冷戦構造のなかでのアメリカの力の低下との関連で、中国の動向に焦点をあてつつ、日米中の三角関係に注目を払ったのが、ここでの永井氏の議論の特徴であった。「米国の威信の低下に伴い、日米の特殊な関係が徐々にうすらぐにつれて、逆に日中の特殊な関係が緊密化する可能性」があるという指摘が特に目を惹く。そして、「ソ連の脅威への相互防衛の必要性などから日中の共同利益が強く意識されるようになる確率はけっして低くはない」と説き、さらに進んで、「日本の国内政治で保守勢力の事実上の分裂と中間諸党派による連合政権への傾斜が見られたりすることがあれば、この外交路線に弾みが生じるかも知れない、それに対応して欧米やASEAN諸国は日中経済協力の緊密化と日本の米国離れに不安と疑惑の念を深める可能性」があると言う[9]。二〇世紀に入って、政権交代とそれに続く日米関係の緊張と日中「友愛外交」への揺らぎがあったという事実を知っている今日の私たちにとっては、この永井氏の慧眼が誠に印象的である。

ここで、本章の中心テーマである日米安保に話を戻そう。伊奈久喜氏が『外交官・東郷文彦の生涯』[10]で使っている面白い表現を借りてみたい。伊奈氏は外務省内の安全保障政策に関係のある人々を「安保官僚」と呼び、東郷の後輩にあたる安保官僚たち（＝安保派）が、憲法の枠内での安全保障政策を進めるために「知恵」を絞り、時には六〇年体制（これは、伊奈が紹介しているように北岡伸一氏の用語だが）を事実上打破する動きをみせるのは、冷戦が終わってからとなると述べた後で、同じ「安保派」の中で「条約派」と「同盟派」の相違があったと言うのである。安保条約に基づく法的関係から発想するのが「条約派」であり、条約上の権利・義務を超え、政治的観点から日米防衛協力が必要だと考えるのが「同盟派」である。後者の代表的人物として伊奈が挙げるのは、田中均北米局審議官（当時）であるが、「田中は、東郷から大河原良雄、松永信雄、浅尾新一郎、栗山尚一、有馬龍夫、山下新太郎、佐藤行雄、丹波實、加藤良三、岡本行夫と続く安保官僚の流れの中の人物ではない」と分析する[11]。こうした人物評の当否はさて置き、「条約派」対「同盟派」の区分けは面白い着眼点である。

伊奈が言うように、オーソドックスな「条約派」と違う「同盟派」が登場するきっかけとなったのは、一九九〇年の湾岸危機や九一年の湾岸戦争であった。それは、こうした新しいタイプの危機はアメリカが一手に引き受けることのできるものでなく、「共同対処」を必要とするものであったので、日本などアメリカ同盟諸国もそのアメリカの手薄を補う役割が期待されたからであるが、その背景にあったのは、八〇年代の末にベルリンの壁の崩落が冷戦の終焉を告げるという歴史的大転換であった。つまり、ソ連との対比でアメリカの力が低下するという問題への対応ではなく、「冷戦後」の新事態にアメリカを中心とする勢力がどう取り組むべきかが、安全保障上の問題だという新思考が求められるようになったのである。

3 冷戦後日米安保の意義――敵対的安保から協調的安保へ

湾岸戦争からＰＫＯ協力法案の成立に至る過程での日本外交の揺らぎについてはすでに多くのことが語られてきた。その右往左往ぶりが褒められたものでないことは間違いないが、歴史の大転換期に遭遇して多くの人や国がそう器用に新事態に適応できるものではないのは、そう驚くべきことではない。

伊奈氏が前掲書で言うように、一九六〇年体制を打破して新境地へと抜け出すために、「知恵」を絞り苦悩を重ねたのは、外務省内の「安保官僚」たちだけではない。一つの組織内部での「問題の流れ」「政策の流れ」に比べると、日本社会の中でのそうした流れを記録に基づいてたどり直すのは遥かに難しい。

私個人は勿論、安保研を舞台に議論を重ねた「安保知識人」たちも、一九八〇年代が、ベルリンの壁や天安門事件という劇的な形で終わり新しい歴史のページが開かれるなどとは予想できなかった。そのことを十分頭に入れた上で、安保研の議事録を今読み返してみると、人々が「冷戦の終焉」へ向けての歴史の流れを予感しながら、日米安保の今後のあり方を模索していた様子を窺うことができる。一九九三~四年に「五五年体制」が終わり、小さな「政権交代」という「政治の流れ」を受けて設立された防衛問題懇談会は、冷戦の終焉を所与のものとして、改めて日米安保に関連する様々な問題を考えようとして「知恵」を絞る試みであった。その所産である「樋口レポート」について今私に言えることは、「あのとき、私はそう考え、そう書いたのだ」という点に尽きる。そして、懇談会の席上では控えめに終始されたが、樋口廣太郎座長の包容力のあるお人柄のおかげで、参加した委員たちとのびのびと議論し、考えをまとめる機会を与えられたことを懐かしく想起し、この機会に改めて泉下の樋口さんにお礼を申し述べたいと思う。

本書が、一九七〇年代の基地研、安保研、八〇年代の高坂、永井両氏の文章、そして九〇年代の樋口レポートを通じて、日米安保をめぐる、政策の流れではないが、その背後にある思想の流れの一端を今日の読者に伝えることができれば望外の幸せである。

註

1――沢木耕太郎『危機の宰相』文春文庫、二〇〇八年、四〇～四一頁。
2――渡邉昭夫編『戦後日本の宰相たち』中公文庫、二〇〇一年、五七頁。
3――ジョン・アイケンベリー、鈴木康雄訳『アフター・ヴィクトリー――戦後構築の論理と行動』ＮＴＴ出版、二〇〇四年。
4――*Foreign Affairs*, 32-3, April 1954.
5――渡邉昭夫『戦後日本の政治と外交――沖縄問題をめぐる政治過程』福村出版、一九七〇年、三五～三八頁。
6――このあたりの詳細は渡邉前掲書の第四章を参照。
7――自由民主党広報委員会出版局『大平総理の政策研究会報告書』一九七五年八月、三一三～三一六頁。
8――永井陽之助「80年代の国際環境と日本外交」『１９８０年代日本外交の針路』日本国際問題研究所、一九八〇年九月所収。
9――永井、前掲論文、三四頁。
10――伊奈久喜『外交官・東郷文彦の生涯』中央公論新社、二〇一一年。
11――伊奈、前掲書、二〇九頁。

第I部

七〇年代の日米関係と安全保障

第一部には第一章から第三章まで三本の論文が収められている。これらの母胎となったのは二〇一三年末に発足した「七〇年代日米安保研究会」であり、その発端は『国際問題』の安保条約改定五〇周年記念号（五九四号）に掲載された渡邉昭夫「冷戦の終結と日米安保の再定義」であった。この論文は一九七〇年代の「安全保障問題研究会（以下、安保研）」の時代認識に注目し、そこで冷戦終結への見通しが既に語られていた事実を議事録によって明らかにしていた。渡邉論文は一九六〇年の安保改定を第一の変化とすれば、一九七〇年代の沖縄返還と日米安保の再調整は第二の変化であり、第三の変化が冷戦終結後の日米安保再定義（一九九六年）であったと述べている。同論文に示唆を受けつつ第二の変化の時代としての一九七〇年代を考えることをめざして「七〇年代日米安保研究会」が発足した。研究会では安保研の議事録に加えてその前身である沖縄基地問題研究会（以下、基地研と略称）議事録を読みつつ共同研究を進めた。その成果として冷戦終結に先立つ一九七〇年代の安全保障認識の諸相を検討したのである。なお基地研、安保研の議事録の検討に加えて、ほぼ同時代に展開された久保卓也の防衛構想に新たな視点を提供した論考も含まれている。

　各論文が共有した関心は、七〇年代の国際環境変容のなかにおける日本の安全保障をめぐる思想的展開の流れがどのようなものだったかにあった。この時期、アメリカの影響力の相対的な低下を背景に、戦後ほぼ自明とされ、同時に、これに触れることを回避されてきた日本の安全保障という課題が改めて検討される機運が広がった。この機運は、基地基本法に続く「防衛計画の大綱」（一九七六年）などの一連の政策的対応に結実し、その後の新冷戦のもとで「日米防衛協力の指針」（一九七八年）策定につながった。つまり第一部に収められた三本の論文は緊張緩和から新冷戦に至る国際環境の変容と日本の安全保障との関連性をめぐり分析した成果である。第一章（板山論文）では基地研の議論のなかで、安保条約第五条事態について日米防衛協力が議論される一方、第六条事態については永井陽之助を初めとして消極的な意見が多数であったことを指摘し「対等」と「抑止」という二つの観点を通して日米防衛協力の必要性が認識されたことを示した。安保研の議論については「日米防衛協力の指針」との相違が指摘され、その理由として一九六〇年代半ばの三矢事件との関連で日米防衛協力のような問題を正面から提示することが七〇年代初期にあっては政治的に困難だった事情が示された。第二章（小伊藤論文）では基地基本法成立に焦点を当てたのち、基地研の議論を通して軍事的手段を重視した安全保障からの脱却を模索する試みがあったことが示された。さらに安保研には国際関係は冷戦終結から冷戦以後の新しい時代に移行しているとの分析があったことも指摘した。加えて在日米軍基地の存在をどのように正当化するか、という関心から有事駐留論などの議論があった。第三章（真田論文）は防衛官僚としての久保卓也に焦点を当て、久保の構想について「防衛計画の大綱」に与えた影響だけでなくその前後にも時間軸を広げて考察した。久保は一九七二年には日米安保条約について軍事的機能のみならず政治的経済的側面を重視すべきと主張したが、それは久保が戦後初期に警察官僚だった時期、民生安定と国内治安につとめた経験と関連していた。この経験がその後、国際政治における政治経済面の重要性に着目し非軍事的手段としての安全保障の枠組みを強調する思考に連動したのである。ここに一九九〇年代の樋口レポートとの類似性を見出すことは不可能ではない。

（河野）

第1章

日米防衛協力に向かう日本の論理
――対等性の模索と抑止の確保

板山真弓
ITAYAMA Mayumi

はじめに

一九六〇年代末から一九七〇年代初めにかけて設置された沖縄基地問題研究会(以下、基地研と略記)、安全保障問題研究会(以下、安保研と略記)の設立趣旨は、基本的には日米安全保障体制下における米軍基地問題を考えることにあったが[1]、その過程で、日米安保体制の望ましいあり方、将来について考えをまとめるに至った(特に安保研において、この問題が考察された)。それはどのようなものだったのか。特に、一九七〇年代後半に大きな議論となる、日米防衛協力の問題について、有識者たちはどのように考えていたのか。これが、本章の扱う第一の問いである。そして、これらの有識者の考えは、当時の政策担当者の考えと、どの程度共通するものであったのか。これが、本章の扱う第二の問いである。

本章では、基地研、そして安保研の議事録・報告書を詳細に検討することにより、有識者たちが日米防衛協力を進めるべきだと考えていたこと、そして、そのための論理として「対等論」、そして「抑止論」を挙げていたことを明らかにする。有識者たちは、日米間に新たな関係、すなわち、より対等な関係を達成するためには(「対等論」)、負担分担の再編(米軍の有事駐留化を含む)が必要であり、しかも、そうする中で日米同盟の抑止を確実にするために(「抑止論」)、日米間の防衛協力が必要だという考えを提示していた。彼らが主張した防衛協力に向かう日本側の二つの論理の意義について考察するとともに、それが当時、防衛庁に存在した考えとかなり多くの点で共通していたことを指摘し、その背景について検討する。一連の作業を通じて、本章は、日米防衛協力の歴史におけるこれら有識者の役割について浮き彫りにすることになるだろう。

まず、本章の重要概念である「防衛協力(defense cooperation)」について、簡単に説明したい。ここで言う防衛(defense)とは、外部からの脅威や侵略に対し、軍事力によってこれを抑止又は排除し、国家の生存を保つことである[2]。この防衛という目的を共有し、達成するために、指揮関係のない二カ国以上の軍隊が共に行動、または活動するための相互協力を防衛協力と呼ぶこととする。

この防衛協力の内容には、非対称同盟的側面に基づくもの、そして対称同盟的側面に基づくものがあると考えられる[3]。非対称同盟的側面に基づく防衛協力とは、一方(小国)は自立的利益(autonomy benefits)を、他方(大国)は安全保障上の利益(security benefits)を与える非対称同盟的側面によりもたらされる内容である。具体的には、小国が、大国に対して有事の際の基地使用を認めることや、大国軍駐留の円滑化などが挙げられよう。もう一つの対称同盟的側面に基づく防衛協力とは、同盟国が安全保障上の利益を交換する、対称同盟的側面によりもたらされる内容である。具体的には、有事の際の共同防衛、そして平時の共同計画策定、共同訓練および演習の実施、共同防衛ための協定や組織(協議機関)の形成などが含まれ得る。一般的には、防衛協力概念の内容は以上のように捉えることができるが、本章では対称同盟的側面に基づく防衛協力を中心に考えることにする。よって、以下で「防衛協力」とする場合には、基本的に対称同盟的なそれを意味することとする。

1　沖縄基地問題研究会

まず、基地研での議論を検討する。基地研の報告書においては、特に日米間の防衛協力に関する言及は見られない。ただし、具体的な議論の過程には、関連する若干の発言が存在する。例えば、第九回会合では、第五条事態についての議論がなされている。ゲストとして参加していた東郷文彦外務省アメリカ局長[4]が、「安保第五条ということになり、政府間の作戦の方も明らかに不足しているので、やらないといけないとは思われる」[5]と発言し、日米安全保障条約第五条事態、すなわち、日本有事の際の防衛協力についての準備が不十分であり、それに取り組む必要があるとの認識を示した。これを受けて、軍事評論家の久住忠男は、「従来の経過でも、肝心のところは避けている。五条について、日米間で真剣に考えているのかどうか」[6]と状況を憂慮する発言を行い、また、林修三前内閣法制局長官は、「それはむしろ日本側が避けているが、これも憲法九条に原因する」[7]と、日本側が消極的な理由について憲法九条を挙げて説明した。

このように、第五条事態については、日米間の防衛協力に対して肯定的な意見が出されたが、第六条事態、特に朝鮮半島有事における日本の対応については、軍事的な内容を含む防衛協力には消極的な意見がほとんどであり、非軍事的な協力が念頭に置かれていたと言える。例えば、永井陽之助東京工業大学教授は、朝鮮有事の場合の日本の対応について、「危機管理の協力態勢に立つて日本が直接派兵すべきかどうか検討すべきだが、私は反対である。日本の協力は経済援助に重点をおけばよいのではないか」[8]と述べているし、神谷不二大阪市立大学教授は、「日本の国際協力で軍事的には限界があるし、非常事的貢献をどの程度やるかが問題だ」[9]としている。また、若泉敬京都産業大学教授は、極東における日本の役割について「軍事的には一切出来ない。しかし非軍事面では協力できる」[10]と言明している。これに対して、ゲストとして参加した三輪良雄元防衛事務次官のように、「アジアにおけるアメリカとの任務分担上、日本が北鮮へ派兵するという事態が起きないとも限らない」[11]と、軍事的な防衛協力の可能性について触れる発言も見られたが、これは少数派の意見であった。

2 安全保障問題研究会

最終報告書

次に、安保研の議論を見てみよう。一九七〇年一二月に発表された安保研の最終報告書は、西側の同盟関係の変化を指摘することから議論を始めている。それによると、同盟が米軍の駐留基地を伴う軍事同盟から、基地のない政治同盟の方向へ向かっており、また、地域的大国の出現により、同盟運営における発言権も、対等性を強める傾向にある点を指摘しつつ[12]、日米安保関係もそのような流れの中に位置づけられるとしている[13]。すなわち、一九五〇年代の冷戦的世界が生み出した西側の同盟関係は転換期に入っており、「この既存の体制の根幹をなす駐留米軍とその基地に関する整理・縮小の問題は、同盟関係を国際環境および同盟内部の力関係の変化によりよく適応させ、それを新しい、いっそう対等性のある、いっそう安定した基盤の上におこうとする調整作業の一部である」との考えを示している。

日米安保関係に関して言えば、第一次の調整は一九六〇年の安保改定によって行われたが、その後、一九六〇年代に進行した両国関係の構造的な変化、特に日本の国力の増大を受けて、この報告書が書かれた一九七〇年代初頭には、第二次の調整の必要に迫られていた[14]。その第二次の調整とは、米軍の「常駐のない状態を基礎とする新らしい同盟関係に向う」ものであり、「そのような状況が安定すれば、やがては現状の安保条約の役割は終了し、その時点における新しい現実に即応した新らしい条約への道が開かれる」と予測された[15]。つまり、第二次の調整により、米軍が日本に常時駐留する状態から、有事駐留の状態へと変化し、それに伴い、再度の条約改定の可能性もあり得るとの指摘をしているのである。また、このような同盟関係の調整により、日米関係の対等性を高めることができる、ともしている。以上を受け、同報告書は結論で、米軍の有事駐留化を提言するに至る。具体的には、「(三)常時駐留の廃止は、有事における米軍の機動性と基地の再使用を基礎とする協力戦略への移行を予期させる。このような『有事協力』の戦略調整を推進するために日米間の協議体制を確立すべきである」との提言を行っているのである[16]。

また、この報告書において、特筆すべきもう一つの点は、有事の際の日米防衛協力について、その必要性を明言していることである。これは、今後、日米安保体制において第二次の調整が行われ、米軍の常時駐留がない状態になると予測することに由来するものである。具体的には、「米軍駐留のない関係において、ひきつづきアメリカの防衛約束を信憑性のあるものとし、抑止効果を期するためには、『有事』に米軍が迅速に来援するという取決めをし、その受け容れ体勢を平素から準備しておくことが必要である」としており[17]、抑止を確実にするための方策として、米軍の有事駐留化に伴う新たな取り決めや、有事の際の米軍受け容れ体勢整備(そこでは自衛隊と米軍との間の防衛協力が必要となることが想定できる)の必要性について言及している。また、「将来への課題」の一つとして、「こうした状況の変化に対応して、自衛隊の機能と戦略の再検討が不可避である。……このような総合的安全保障政策が確立すれば、日米の共同防衛のための戦略調整も可能となり、緊急時の対処についても実効を期し得よう」との言及も見られる[18]。さらには、日米共同防衛についての計画立案の中に当然含まれる検討事項として、六つの項目(①基地再使用に際しての機動力の精密な分析、②事前協議の解決と有事協力の具体的手続き、③抑止の可視性の問題、④最小抑止力の測定、⑤防衛費対効果の問題、⑥危機の予防と管理)を挙げているが、特に、③の「抑止の可視性の問題」については、具体的な検討内容として、「将来における米第七艦隊の行動への協力、基地再使用に関する日米共同訓練とその計画の検討など」を挙げている[19]。これは、自衛隊と米軍との間の防衛協力に関する具体的な内容である。

換言すれば、この報告書には、日米安保体制の第二次調整にあたっては、日米関係の対等性という観点からも、米軍の有事駐留化が望ましいが、その際の抑止力を担保するために防衛協力が必要、という内容が含まれているのである。

安全保障問題研究会での議論1――有事駐留化と「対等論」

次に、以上の報告書が作成されるまでの安保研の議論を追ってみよう。すると、既に第二回研究会の時点で、日米同盟の将来像として、米軍の有事駐留方式化を結論とするべきではないかとの意見が出されていたことが分かる。具体的には、報告書の骨格となる草稿を書いた三好修毎日新聞論説委員が、在日米軍基地が大幅に整理されていけば、「特に沖縄の返還以後は、日米の共同の戦略変化が起らなければ機能しなくなるんじゃないかという感じがするんですがね。そういうことを今後日本の側からやるべき問題じゃないかと思います。たとえば有事駐留的な、アメリカ側からいえば遠隔駐留というようなことです……」と発言している[20]。三好の見方では、この有事駐留は、米国の戦略見直しによる海外基地の大幅な縮小によってもたらされ得るものであるが、日本側がイニシアチブを取り進めていく必要があるとのことであった。また、日本にとっても基地のない状況の方が望ましく、同盟関係が安定するとの考えが示された[21]。

有事駐留論について、研究会のメンバーの中で異論を唱える者はおらず[22]、以降、参加者の見解がこれでまとまったことが見て取れる。特に、第九回会合ではそれが確認され、小谷秀二郎京都産業大学教授が、「米軍撤退と共同防衛体制の未来像。これは結論になるわけですけどね。私は、有事駐留方式にならざるを得ないだろう、ということを出しているわけです。いまお話のような結論からいえばこれで尽きますね。筋は通りますね」と念を押している[23]。また、同じ第九回会合では、有事駐留方式は、当時の米国の政策が孤立主義化しており、在外基地が急速に削減縮小されていくだろうとの予測より導き出された結論である点も確認された[24]。

さらに、関連して特筆すべきは、小谷が示した日米安保体制の進展過程と有事駐留化についての議論であろう。これは、第八回会合において示されたものであったが、それによると、従来は「共同自力防衛」、つまり、日米の共同防衛に重点があり、それを補完する形で日本の自衛力を漸増させる在り方であった(具体例としては「国防の基本方針」が挙げられた)。それに対して、現在、目標とされているのは「自力共同防衛」、すなわち、自力(自衛力の漸増)が中心で、それに共同防衛を付加するという考えであり、中曽根康弘防衛庁長官らが主張する「自主防衛」の考えがこれに当たる。この状態が達成された後、日本の防衛力が上限まで達した場合には、最終的に「共同防衛」、つまり日本の自衛力の漸増がなくなった状態となる(ちなみに、日本は核兵器を持たないので、米国の核の傘の下での「共同防衛」だとの説明がなされた)。要するに、日米安保体制は、「共同自力防衛」から「自力共同防衛」へ、そして最終的に「共同防衛」へと進展するという見取り図を示したのであった。また、「自力共同防衛体制が基地と結びついた場合には、有事駐留方式というところに一応目標がおかれるべきなんじゃないか」との考えを示し、現状では「自力共同防衛」、そしてその下での有事駐留方式を目標とすべきとの考えを示した[25]。すなわち、過去より現在まで続く「共同自力防衛」の下では、米軍が日本に常時駐留する状態が継続しているが、「自力共同防衛」化により、有事駐留化を進展させるべきとの考え方である。これは、安保研の報告書に盛り込まれた同盟関係の調整につながる議論とも言える。

このような議論を経た、研究会終盤の第一六回会合に報告書第四章(「米軍基地削減の具体的方策」)の素案[26]が提出され、米軍の有事駐留化が詳細な理由と共に明示的に提言された。そこでは、米国との関係において「対等性が回復されるとともにすべての同盟関係は、軍事同盟から政治同盟への方向へ動きつつある」ことや[27]、日本の自衛力が増大し、「日本の国土防衛に関しては、ほぼ日本の自衛隊でまかないうる情況になった。さらに、極東地域の安全保障に関しても、米軍の使用を認める有事駐留基地の管理能力を、自衛隊が持ち始めた」ことなどが、有事駐留に可能性を開くことになるとの説明がなされた[28]。つまり、日米関係がより対等となりつつあることが、有事駐留化につながるとの見解が示されたのであった。

日米関係の対等性については、第一五回の会合でも興味深い議論がおこなわれている。このときの会合に提示された小谷の草案（第三章「在日米軍基地と日米安保体制」の第二節「日米の政治関係の変化」）では、自衛隊の増強に伴い日米間に任務分担が可能になり、それが日米関係を対等化するとの主張がなされていたが[29]、議論の中で、この部分に三好が疑問を呈した。三好が拘ったのは日米の「対等性」についてで、日本が米国の核抑止に依存し続ける点から、それはあり得ないとの見解であった[30]。これに対して、神谷からは「奇妙な対等性」もあり得るとの意見が出された。神谷によれば、「日本がどこへいこうと、アメリカはどっちでもいいということではなく、アメリカにとって重要な問題であるとすれば、そういう奇妙な対等性へのルートはあるわけですよ。ですから核抑止力に頼っているから対等ではないという、それほど単純なものではない」とのことであった[31]。結局、この部分について第一五回会合の議論では、結論が出なかった。

ちなみに、最終的に提出された報告書には、対等性についての言及が散見されるが、そこでの「対等性」とは、日米の完全な対等関係を意味している訳ではなかった。つまり、日本が核を保有し、集団的自衛権を行使できるようにした上で、日米安全保障条約を相互的な内容、すなわち、日米双方が互いに集団的自衛権に基づき防衛するような内容に改定することを求めている訳ではなかった。日米安保体制の枠内で、日本がより多くの防衛分担をおこなうことで、より対等な関係に近づくこと、また、米国に対する発言力を増すことを目指す内容であった[32]。このような意味での日米の対等性を求める主張を含めることには問題ないとの結論に至ったものと推測できる[33]。

安全保障問題研究会での議論2──「抑止論」

以上の議論から明らかなように、安保研の有識者たちは、米軍の有事駐留化が望ましいとする意見で一致していたが、それが達成された場合には、自衛隊と米軍の防衛協力が必要になるとの指摘も存在した。特に三好は、第二回〜第五回会合という早い段階から、この点について幾度となく繰り返した[34]。三好によると、米軍の前方展開戦略が見直されれば、つまり有事駐留化した場合には「日米安保の戦略関係が本質的に変ってくる」が、その場合に「平素から戦略体制が有効に機能するような方向に持っていっておかないと、安保というのは名前だけになって機能しない」、なぜなら、「前進基地があって侵略があれば自動的に反応して本土の米軍が干渉していくのと、主力が本土に帰ってもう一度出てくるのとでは大統領の決定は非常に難しくなる」からとのことであった[35]。三好が挙げた、平素から有効に機能する戦略体制を作る具体的な方法とは、有事の際の共同計画を予め策定し、それを基礎とした共同演習を実施することであった[36]。共同演習については、当時米軍と韓国軍との間で実施されたフォーカス・レチナ（Focus Retina）演習が意識されていた。フォーカス・レチナ演習とは、一九六九年三月九日から二五日にかけて実施された、米韓両軍の大規模空輸演習であり、米空軍第八二空輸師団を中心とする二五〇〇人の米空陸軍兵士を、七七機の輸送機でノースカロライナ州のポープ基地からソウルに空輸するものである[37]。ここで、この空輸演習が特に言及された理由は、有事駐留後、日本有事が起きた際の米軍来援を確実にする方策を念頭に置いていたからである。要するに、三好は、このような演習を含む日米両軍間の防衛協力を進めることで、有事駐留化した後の日米安保体制を確実なものにする必要があると主張したのであった。

また研究会では、米軍撤退が進展して有事駐留が実現すれば、日米の防衛上の役割分担を明確化する必要性が高まるとの指摘も多くなされたが、この防衛分担の議論の中で、抑止論に絡めて日米防衛協力の必要性についての意見が出された。このような議論が見られるのは、研究会の議論がいくらか進展した第一一回以降のことである。

第一一回会合にゲストとして参加したランド研究所の上級経済アドバイザー、チャールズ・ウォルフによれば、「従来は、安保条約の極東条項に基づき、日本が米軍基地をサポートするのが日本のコスト分担の大きなあらわれだったが、新たな形でのコスト分担を考える時期にある」とのことであり[38]、今後の日米同盟における日本側の分担として、米軍への基地提供以外のものを考えるべきだとの指摘がなされた。ただし、この一一回会合で参加者の多くが考えた日本の分担内容は、軍事的なものではなかった。例えば、ウォルフは、憲法上の制約を考えて、経済的な問題、あるいは日中関係の改善といった方向で、日本は寄与していくべきとの方策を示した[39]。また、久住は、米軍が担う、中国とソ連に対する抑止力、あるいは三八度線の抑止力、あるいは台湾海峡の抑止力を、急に日本が引き受けるということは現状において現実的な問題ではないとの見解を示した上で、日本の協力はあくまで間接的なものであり、政治的、経済的な分野にとどまるべきとした[40]。さらに若泉は、核の面での分担は、日本がＮＰＴを調印することにより払っているかもしれないこと、また朝鮮半島については、間接的に経済面で実施しているかもしれないし、するかもしれないとの意見を表明した[41]。

これらに対し、第一二回研究会では、同盟が持つ「暗黙の抑止」に関する議論の中で、軍事的な分担へとつながる内容が言及された[42]。すなわち、米軍が日本に駐留している状況では、在日米軍基地が「暗黙の抑止」の効果を持っていたと考えられるが、有事駐留化した場合、その効果をどのように代替するのか、が議題に上ったのであった。この問題は、「研究会の寄与する一番大きな問題」との指摘もあった[43]ほど、重要視されたものであった。一つの意見は、基地があろうがなかろうが、同盟国間に政治的・文化的・経済的連帯があれば「暗黙の抑止」は存在するというものであった[44]。つまり、有事駐留化後には、特に基地がない状態であっても、日米両国間に政治的・文化的・経済的な、すなわち非軍事面での強いつながりがあれば、それが抑止として機能するとの考えである[45]。

一方、「暗黙の抑止」を可視化した方が抑止効果は高いとの意見も出された[46]。具体的な可視化の方策としては、自衛隊と米軍による基地の共同使用、米軍による核の持ち込み(の可能性)[47]、日米共同空輸演習(「エアー・リフト」)などの共同演習、米軍第七艦隊の存在が挙げられた。これらは、日本有事の際の共同対処の可能性を明示的にあらわすものであり、日本の軍事的な分担、および防衛協力へとつながり得る内容だと言えよう。

これらの議論を踏まえて小谷により起草された報告書草案(第一五回会合にて提出され、議論された)には、「日米共同作戦が有事に可能であることを知らせること」は「有効な抑制力となる」との記述が見られる[48]。すなわち、有効な日米共同作戦の存在が、「暗黙の抑止」になるとの考えであり、これもまた、日本の軍事的な分担、および防衛協力へとつながり得る内容だと言える。また、日米共同防衛体制の将来のあり方について議論した同草案の「第七節　共同防衛体制の未来像」でも同様の考えが示された。それによれば、日米共同防衛体制の「内容は時の経過と共に変化してゆく」ことを考える必要があり、自力と他力とのコンビネーションが変化していくことを考える必要がある[49]。具体的には、共同防衛体制を「有事駐留」方式に変えることが必要かもしれず、「その場合、有事に駐留することが実際に可能なような共同防衛体制を平常から準備し、訓練しておかねばならない。そのためには韓国において実施されたような『フォーカス・レチナ』作戦のようなものを、日本に対しても実施してみることが必要かもしれない」との提言がなされた[50]。

このように、米軍の有事駐留化後の日米同盟における日本の任務分担には、軍事的な内容も含まれ得るとの考えが研究会の議論には存在した。しかし、それはあくまで第五条事態、すなわち日本有事を想定したものであり、それ以外の、地域における日本の役割に関しては、非軍事的な任務を念頭に置いていたのである。上記の第一一回研究会での議論の内容は、地域における日本の役割について議論したものであったし、また、小谷が提出した草案でも、「第六節　日本のアジア政策」において以下の言及が見られる[51]。朝鮮半島政策について、「現在見られるような米国の後退化傾向から生じる安全保障上の空白――もしそれがあるとするならば――について、それを何らかの方法によって積極的に日本が埋めることが必要となってくる」が、それは軍事的な方法ではない（つまり非軍事的協力）との見解である。一例としては、ベトナムに派兵している韓国軍の早期撤退を促す政治的イニシアチブの発揮などが日本の役割として挙げられた。

提言の意義

次に、日米防衛協力の側面から考えた、安保研での提言の意義について考察することとする。安保研報告書は、米軍の有事駐留化という結論から、有事の際の防衛協力の必要性について明言したが、これは同時期に公表された他の政策提言にはあまり見られない、新しい内容であったことが指摘できる。例えば、一九七〇年に日米安全保障条約の自動延長を迎えるにあたり、一九六〇年代後半に、各政党はそれぞれの安全保障政策に関する見解を明らかにした[52]。あるべき日米安全保障体制のあり方について、自民党は安保堅持、民社党は「駐留なき安保」への改定、公明党は早期段階的解消、社会党、共産党は即時破棄という姿勢を打ち出したが、このうち、公明党、社会党、共産党は、日米安保体制の早期もしくは即時解消を目指しており、日米防衛協力についても当然のごとく否定的である。また、「駐留なき安保」を提言した民社党については、在日米軍の常時駐留を否定する点では安保研の議論と共通するが、日米安全保障条約を「戦争抑止条約」とすることを主張しており、有事駐留条約、もしくは有事来援条約とすることを否定している[53]。要するに、有事を引き起こさないという、安保条約の戦争抑止の側面のみを残すべきであり、「安保条約を実践的に発動する」米軍の有事駐留や有事来援について議論することは「きわめて不適当」だと主張しているのである[54]。よって、日米防衛協力については否定的と言えよう。また、安保堅持を掲げた自民党は、在日米軍の常時駐留を認める立場を取っており、安保研が主張する有事駐留化には否定的であった[55]。他方、日米防衛協力に関しては、党内の一部（右派）に肯定的な意見が存在し続けていたことを指摘することができる[56]。ただし、これは有事来援時の防衛協力に焦点を置いたものではなく、安保条約の効果的運用のための防衛協力全般の必要性を主張しており、その点で安保研での議論との違いが見て取れる[57]。

この自民党右派の防衛協力全般の必要性に関する主張は、党内からも異論が出たことでわかるように[58]、当時の政治状況を鑑みると決して受け入れられ易いものとは言えなかった。それに比べると、安保研の主張は有事駐留化と組み合わせる形で、有事の米軍来援に焦点を当てた防衛協力の必要性を説くものであり、より受け入れられ易いものであったと考えることができる。

しかも提言では、議論に基づく確かな理論的裏付けを提示することに成功している。この点については、有識者たちも意識していたようであり、例えば久住は、「この安全保障研究会は、つくった意味からいうと、……できるだけ具体的な問題について、しかもそれを理論的に深く研究したものを出して、国民あるいは、政府にも若干の貢献をしたいということで実は非常にしぼった、遠慮した研究テーマを選んだわけなんです」と発言している[59]。また三好によると、研究会が提示する理論的裏付けの具体的な内容とは、暗黙の抑止、そして局地戦への対応とのことである[60]。確かに、報告書にはこれらの議論の内容が盛り込まれており[61]、提言をより説得的なものにしている。

ただし、安保研の議論、および報告書では、日米安保体制の抑止の側面を強調するあまり、有事来援時の防衛協力のみに議論が集中し、実際に抑止が破綻して有事来援がなされた後の防衛協力については、ほぼ考察されていないという限界も存在した。ちなみに、安保研に先立つ基地研での議論においては、既に日米安全保障条約第五条事態、すなわち日本有事の際の防衛協力についての準備が不十分であるとの認識が示されていることから、安保研に参加した有識者たちが、この問題を認識していなかったとは考えられない。では、なぜ安保研で、この問題が十分考察されなかったのだろう。

議事録や報告書では明示されていないが、日米安保体制の抑止の側面を強調したからという理由以外に、次の二つの理由が考えられる。第一に、そもそも安保研は、米軍基地問題を考察するために設置されており、同研究会が取り組んだ問題のうち、最も重要なものの一つは、当時進みつつあった米軍の撤退にどのように対応するかであった。よって、米軍の有事来援を確実にする方策を考えることが何よりも重要で、そこに焦点を当てることはやむを得ぬ仕儀だったと考えられる。第二に、この研究会が開催された一九七〇年代初めは、自衛隊が朝鮮半島での紛争発生を想定して行った有事研究(三矢研究)が国会で問題となった三矢事件からまだ五年ほどしか経っておらず、このような問題を正面から取り上げるのには、政治的に難しい時期だと有識者たちが判断したということも考えられるのではないだろうか。

本節を閉じるにあたり、安保研が日米防衛協力を必要と考えた論拠としての「対等論」と「抑止論」の関係について若干の考察をしてみたい。それまで在日米軍基地が存在する状態では、日米同盟の抑止力は主に基地の存在によりもたらされるものだと考えられた。しかし、その考え方を適用すると、日米関係をより対等にすることで在日米軍基地がなくなれば、同時にその抑止力も失われてしまい、「対等論」と「抑止論」は矛盾することになる。他方、安保研では、今後の日米同盟が持つべき抑止力は、在日米軍基地に由来するものではなく、政治的関係の強化、そして有事来援時の防衛協力の明確化により確保されるべきだとし、有事駐留化を推奨した。結果的に、日米の対等性を高め、在日米軍基地をなくしたとしても、これら(政治的関係の強化、防衛協力の実施)を基礎とする抑止力が損なわれることはなく、その意味で、研究会の主張する「対等論」と「抑止論」は矛盾せず、むしろ補完するもの(対等性を高めることが、日米の政治的関係、そして防衛協力の強化をもたらす、逆も真なり)となるのではないかと考えられるのである。

3 防衛庁における議論との関連について[62]

安保研の報告書が出された時期におこなわれていた防衛庁内の議論を検討すると、研究会の議論に通じる内容が見られる[63]。ここでは、久保卓也防衛局長の考えを概観した後、実際の第四次防衛力整備計画（四次防）策定時の政策過程を見ることで、研究会の議論とどの程度、共通性があったのかについて考察したい。

久保卓也防衛庁防衛局長の考え――「日米安保条約を見直す」論文を中心に

安保研の報告集が出された約一年半後に出版された、久保の「日米安保条約を見直す」論文[64]（一九七二年六月）では、日米安保体制の将来のあるべき姿として、有事駐留方式への移行を挙げているが、これは、日本国内の米軍基地への不満を解消するための方策であり、また、ニクソン・ドクトリンに代表される米国の政策もそれに沿ったものであると指摘している[65]。この点は、安保研の議論とも共通する内容といえよう。

久保は同論文で、有事の際の対処に関する日米安保体制の平時の準備態勢の重要性についても言及している[66]。平時における準備態勢の具体的な内容としては、「米国が有事に来援しやすい基盤をつくっておくこと（基地等有事駐留の準備）、通信、情報等相互に緊密な連絡体制がとれていること、装備および後方体制について共通のないし類似の基盤を持つこと、米国の平時抑止力保持への寄与（第七艦隊への便宜供与）等々」を挙げており、「……このような日米安保条約の持つ戦争抑止の保持は、この条約そのものはどう変わろうと、米国の支援を期待するとする安全保障構想をとる以上は、将来とも必要なこととなるであろう」と述べている[67]。これは久保の考える日米防衛協力の内容であり、ここで久保は、日米安保体制によって戦争を抑止するための、日米防衛協力の必要性を論じているのである[68]。これは、安全保障問題研究会の議論に見られた「抑止論」、特に抑止の可視化の議論と通底する。

さらに、久保は安全保障問題研究会の議論に見られた「暗黙の抑止」に通じる考えも持っていた。これは「日米安保条約を見直す」論文について、小谷秀二郎（安全保障研究会のメンバー）と対談した際に語った内容に強く表れている。小谷は、久保が論文中で、「戦争になった場合に日米安保体制がどのように機能するかということは、制服幕僚の研究としてはともかく政治問題としては実はあまり重要ではない」とした点に問題があると指摘した。小谷は言う。「実際はですね、有事駐留という建前をとって、日米安保体制を見直し、しかもそれを目的に見直してゆくということであれば、その有事駐留というのは戦争がおきたときにどうするかということも入っていなければならないはずだと思うんです。……ここはちょっと私としては納得できない感じがするんですが……」[69]。小谷としては、久保が強調する抑止を有効にするための手段を講じることの重要性は理解しつつ、抑止が破れた場合、すなわち有事に至った場合の防衛協力を考えておくことも同様に重要なのではないか、との意見であった[70]。

これを受けた久保は、安保条約が抑止力として有効に働くためにはどうすればいいかということを考えることが「圧倒的に重要」であり、「もう八、九割は重要なんですすと、そういうことを言いたかったわけなんですけどね」と応じた[71]。また、有事の場合の防衛協力は必要だが、それは「やや技術的な問題になるような気がする」とした上で、日米の政治的な関係を緊密にすることにより日米安保条約に「魂」が入り、抑止力として有効に働くとの考えを示した[72]。つまり、両者は共に、日米安保体制の抑止、そしてそれが破れた際の防衛協力の両方が重要だという点で一致しているものの、重きの置き方に違いが見られるのである。小谷と比較すると、久保は抑止の側面、特にその中でも日米の政治的な関係を強化することにより達成できるそれを重視している。これは正に、研究会の議論に含まれた「暗黙の抑止」と同様の内容と言えよう。

第四次防衛力整備計画策定時の政策過程

次に、四次防策定時の政策過程を見ることとする。四次防策定時の防衛庁長官は中曽根康弘であったが、彼の日米安保体制のあり方についての考えには、対等性の重視、そして任務分担明確化の必要性に関する主張が含まれており、これは安保研の考えと通じるものであった。これは、四次防策定に際しての中曽根の以下の発言にも表れている。

「一九六〇年に締結された新安保条約は旧条約よりも進歩したものではあるが、われわれは更に前進しなければならない。……従来のような漠然たる対米期待や無原則な依存の形から脱却し、任務分担を明確にし、日米が実質的にも対等な立場に立つ必要がある。わが国の防衛について漠然とアメリカの来援を期待するというのでは不十分である。自衛隊は既にかなりの実力を備えている。ある程度の局地戦においては、アメリカの支援がなくても外からの来襲を寄せつけないことができるし、また仮に来襲があった場合にもこれを撃退しうると思う。今後も攻撃面はアメリカに依存することになろうが第四次防衛力整備計画ではそういう自主防衛の方向で検討する必要がある」[73]

このような中曽根の意向を受け、実際の四次防策定過程においては、従来、必ずしも明確にされてこなかった対米期待の内容について、それを改善するべきとの考えが生まれた。そうした議論は、防衛協力に関する米国側との協議や防衛協力の公式化などに対する必要性の認識につながっていった[74]。

ただし四次防策定過程においては、対米期待の内容が推測に過ぎず、明確なものではないという問題が改善されることなく推移した。そのため、一九七二年九月七日に国防会議事務局が出した「四次防の問題点」と題する文書では、その一つとして「安保体制と自衛隊の作戦行動」という項目が挙げられ、四次防の基礎となる防衛構想で想定されている米軍の協力内容が明らかではないとの指摘がなされた[75]。それを踏まえ、文書ではこの問題について次の二つの考えがあるとし、どちらの立場を取るか方針を明らかにする必要があるとしている。

一、有事の場合において米軍の来援を期待する以上、いかなる協力が得られるかについて米側との話し合いを進めることが必要ではないか。

二、幕僚レベルにおいて、そのような研究を進めていることはあるが、公式の形で協議を行うことは今日の情勢下では実際問題として難しい。

この二つの立場のうち、国防会議事務局がどちらを取るべきだと考えたかは、「四次防の問題点」が出された一週間後の九月一四日に出された「討議資料」と題する文書より読み取れる。この文書が、どのような討議のために準備されたかは不明であるが、その内容から、四次防の問題点について討議するための資料だということが分かる。その中でも、対米期待に関する問題点について指摘されているのみならず、より踏み込んで、「この米軍との関係についての幕僚レベルでの共同研究の内容は最高責任者にまで報告されるべきであり、必要があれば両国の最高責任者間での意思のそ通をはかるべきである」との見解が見られる。先の「四次防の問題点」で指摘されていた二つの考えに関して言えば、これは「一、有事の場合において米軍の来援を期待する以上、いかなる協力が得られるかについて米側との話し合いを進めることが必要ではないか」の立場に近いものだと言える。

以上のように、四次防策定過程では安保研の報告書で主張された有事来援時の防衛協力を含む、対米期待の明確化についての議論がなされたことが明らかになった。

安保研と防衛庁内の議論に共通性が存在した理由

では次に、防衛庁内の議論に安保研の議論に通じる内容が見られた理由について考えてみたい。一つには、研究会の参加者に防衛庁とのつながりを持つ者が複数含まれたことがあるだろう。例えば、佐伯喜一は元保安庁・防衛庁職員、元防衛研修所長であり、若泉敬と小谷秀二郎は元防衛研修所員である。また末次一郎は防衛庁防衛懇談会(一九七〇年)、中村菊男は「防衛庁・自衛隊を診断する会」(同年)に参加しており、高坂正堯は、後に平和安全保障研究所の理事長を務めることとなった。つまり、一四人の参加者中、六人が明確に防衛庁とのつながりを持っていたと考えられる。これらの参加者が防衛庁内部の議論について何らかの情報を持っており、それが研究会の議論に反映されたり、逆に安保研の議論が防衛庁内部の議論に影響を与えた可能性がないとは言えまい[76]。

これに加えて、中曽根防衛庁長官の存在もかかわりがあるのではないかと思われる。安保研の設置をめぐる新聞報道によれば、中曽根は安全保障問題の閣僚懇談会を開き、日米安保体制の将来と日本の安全保障問題を含めた高度な意見交換機関を作りたいとの意向を持っていたが、「久住氏らの基地研はこれと表裏をなすような形で、民間の知恵を出そうというもので、二月二十日の研究会には中曽根防衛庁長官、木村俊夫官房副長官も出席して、こんごの運び方を協議する」とのことであった[77]。中曽根が研究会の運営に影響を与えようとしていたことが窺える。また、実際に、中曽根は、安保研の第四回会合(一九七〇年四月八日)に参加した。特に研究会の運営について協議した記録はなく、「国防の基本方針」や日米安保体制、四次防等に関する自らの考えを披露し、政策を進めていく上で研究会の参加者の助言を願うと挨拶したのみであったが[78]、そうであっても、現職の防衛庁長官である中曽根が安保研に参加したことは、防衛庁と研究会との強いつながりを示す一つの証拠と考えられる。

おわりに

以上の議論から、有識者たちは「対等論」「抑止論」の観点から、日米防衛協力の必要性を認識していたこと、また、これらの考え方が防衛庁内の一部に共有され、四次防策定過程においても見られたことが明らかになった。安保研の議論は、防衛庁内で四次防を策定する際、本格的な議論の準備作業として、専門的知識を取り入れるという点で意味があったものと考える。

最後に、本章で取り上げた一九七〇年前後における防衛協力論が、七〇年代半ば以降のそれと若干異なることに触れておきたい。抑止の観点に着目して比較するならば、安保研での議論はあくまで、抑止を担保するための防衛協力論が中心であり、抑止が破れた後に関して詳しく考察していないことは、既に何度か触れた通りである。それに対して、一九七〇年代半ば以降は、抑止が破れた後の防衛協力の詳細にまで議論が発展しており、それが「日米防衛協力の指針」策定につながった。これを反映してか、安保研の議論と多くの点で共通する考えを持っていた久保は、一九七〇年代半ばの「指針」策定への動きに積極的ではなかったとされる[79]。このような違いの遠因には、第二節で指摘したように、三矢事件との距離感があるように思われる。安保研の議論は事件から約五年という時期であり、日米防衛協力のような問題を正面から提示することが政治的に困難だった可能性が高い。また、これに加えて、一九七〇年代半ば以降、有事の際の防衛協力全般について議論する必要性が主張され、「指針」策定へ動き出した背景には、米国の戦略上の変化と共に、米国国内政治上の要因が作用したと考えられる[80]。

本章で明らかにした有識者たちの議論は、現在、そして将来の日米安保体制のあるべき姿を考える上で大いに参考になると思われる。特に、本章が扱った一九七〇年前後は、米国政府が、自らの国力が相対的に低下する中、ニクソン・ドクトリンを打ち出し、同盟国により多くの防衛分担を求めた時期である。翻って今日の状況を鑑みるに、かつてと同じく国力の相対的低下に苦悩する米国で、今後、日本をはじめとする同盟国により多くの防衛分担を求める動きが顕在化する可能性は十分にある[81]。そのような状況における日米安保体制のあるべき姿を考える上で、有識者たちの議論が示唆を与えることは疑いなく、そこにも本章の一つの意義があろう。

註

1――「安全保障問題研究会について」文書に、沖縄基地問題研究会の目的について「沖縄の返還にあたってもっとも問題となる軍事基地の取扱いに関する共同研究を行うことがその目的であった」(「安全保障問題研究会について」一頁、渡邉昭夫氏所蔵)とある。また、安全保障問題研究会の報告書「米軍基地問題の展望」(一九七〇年一二月二八日)では、「研究会は主として本土の米軍基地を研究対象としたが、沖縄の施政権返還準備作業の進行にともない、復帰時および復帰後の沖縄米軍基地の在り方にも関心を払った」とある(「米軍基地問題の展望」二頁、渡邉昭夫氏所蔵)。

2――眞邉正行編著『防衛用語辞典』国書刊行会、二〇〇〇年、四二九頁。

3――対称同盟、非対称同盟に関しての代表的な議論は、Morrow, James D. 1991. "Alliances and Asymmetry: An Alternative to the Capability Aggregation Model of Alliances." *American Journal of Political Science.* 35(4): pp. 904-933を参照。

4――研究会議事録には、発言者がアルファベットで表記されている(例えば、この場合は「U氏」と表記されている)が、本論文では、出席状況や発言内容より推定した名前を載せることにした。以下、同様。

5――「沖縄基地問題研究会議事録(第九回)」一九六八年九月一三日、三頁、渡邉昭夫氏所蔵。

6――同上、八頁。

7――同上。

8――「沖縄基地問題研究会議事録(第一三回)」一九六八年一一月三〇日、一二頁。

9――同上、一六頁。

10――「沖縄基地問題研究会議事録(第一五回)」一九六八年一二月二一日、一〇頁。

11――「沖縄基地問題研究会議事録(第一三回)」一九六八年一一月三〇日、一四頁。
12――安全保障問題研究会『安全保障問題研究会報告集』三七頁、渡邉昭夫氏所蔵。
13――この点については、「米軍の駐留しない状況を想定すると、日米安保は政治同盟の性格を強めて来る。ある意味では古典的な同盟、すなわち条約によって戦時における相互の役割の原則を規定するだけで、軍事基地の問題は含まれなかった状況に似てくる」(同上、三九頁)との説明もある。
14――同上、三三頁。
15――同上、三四頁。条約の改訂については、「基本的な同盟関係の変化を劇的に印象づけるためには、現行安保条約の改訂が望ましいといえる。…むしろ現行条約のワク内で、実質的な変化を推進し、情勢の安定を待って新条約に移行するのがいっそう慎重で、現実的な態度であると思われる」(同上、四二頁)との見方を示している。
16――同上、三五頁。
17――同上、三九~四〇頁。
18――同上、四四頁。
19――同上、四四頁。ちなみに、②の「事前協議の解決と有事協力の具体的な手続き」の具体的な内容としては、『有事』における基地再使用の規模と内容及び『有事』を判断する主体と手続き、そのための法的措置など」(同頁)と説明されている。つまり、この内容は、有事の際の基地再使用を主に念頭に置いており、防衛協力の側面については明示されていない。
20――「安全保障問題研究会議事録(第二回)」一九七〇年二月一四日、二五頁。また、第五回研究会においても、米軍基地が後退することは「いずれにしても避け難い」との判断を示しつつ、「前進基地の存在を前提として、……成り立って来た安保体制の防衛というものの戦略を相当基本的に変えていかなければ、しかもこんどは多分日本は、アメリカから押しつけられた形での、共同防衛戦略ということでは、多分今後は維持できないだろう。かなり日本の側からも積極的に反応して、提案していくという形で、総合的な前向きの姿勢で、共同防衛戦略を編み出す以外に方法はないじゃないかというふうに思うんです」と日本が主体的に取り組みつつ、有事駐留化を含めた新たな共同防衛戦略を作り出す必要性について言及している(「安全保障問題研究会議事録(第五回)」一九七〇年四月一八日、三四頁)。
21――この点について、例えば、「基地の存在は同盟関係の中に、民衆をまき込む現象を来たし、そのためにかえって同盟の上部構造としての政治的、軍事的な面で硬直化し麻痺するという現象もあって……同盟関係があいまいになってしまった。……軍事戦略の変化によってまた新しい国際環境の中でカバーし得るのであれば、これは基地を除いて、そういうふうな同盟において、ポピュラー・インボルブメントを軽減し干渉していく方がもっと同盟関係を安定し、場合によってはそれによって共同防衛戦略というふうな面が強化される」との発言がある(「安全保障問題研究会議事録(第三回)」一九七〇年三月二四日、三四~三五頁)。

22――唯一、第四回のゲスト海原治国防会議事務局長が、人質としての在日米軍基地との観点より、有事駐留論に否定的な見方を示した。「安全保障問題研究会議事録(第四回)」一九七〇年四月八日、一〇~一五頁。

23――「安全保障問題研究会議事録(第九回)」一九七〇年七月一八日、五五頁。

24――同上。

25――「安全保障問題研究会議事録(第八回)」一九七〇年六月二七日、二五頁。

26――これは「岸田素案」と呼ばれたので、岸田純之助朝日新聞論説委員が起草したものだと推測できる。

27――「安全保障問題研究会議事録(第一六回)」一九七〇年一二月一二日、三一~三二頁。

28――同上、三五頁。

29――「このような質的な充実をめざした自衛力の漸増政策は、当然そこに日米間に任務分担が可能となるし、明確にされた任務分担はそれ相応に両者の立場を相互に認め合うことになり、これ迄非難されてきた同盟関係に伴う従属性を徐々に薄めてゆくことも可能となる。そしてそれは同時に正常な日米関係の維持に役立つことも考えられる」と言及されていた(同上、二一~二二頁)。

30――同上、二五頁。

31――同上、三一頁。

32――この点に関して、例えば、「軍事的二極構造を前提とする限り、純軍事的な分野での同盟関係の対等性を求めようとすれば、日本は強力な軍備と高度の核武装を必要とする。同盟関係の対等性は政治的決定の分野に求められるべきであり、またそれが正しい方向である」との言及が見られる(『安全保障問題研究会報告集』三九頁)。また、佐伯喜一野村総合研究所代表取締役副社長兼所長も自らの論文で同様の見解を示しており、日米安保関係における日本のあるべき姿について「集団防衛体制下における合理的な任務分担の確立と発言権の確保をめざすものでなければならない」と述べている(「日本の安全保障」『防衛論集』七(一)、一九六八年八月、一三頁)。

33――第一五回会合から最終案提出までの間には、小委員会が作られ、その中で、草案に関する詳細な議論がなされ、最終案が形成された。小委員会の議事録は存在しないので、この点に関しては推測の域を出ない。

34——有事駐留や政治同盟等の報告書における重要概念は、基本的には三好が提示したものであるが、議論の中で、それらに対しての批判や修正はあまり見られない。

35——「安全保障問題研究会議事録(第二回)」一九七〇年二月一四日、二七頁。

36——「安全保障問題研究会議事録(第三回)」一九七〇年三月二四日、三九~四〇頁。「安全保障問題研究会議事録(第五回)」一九七〇年四月一八日、四四頁。

37——『読売新聞』一九六九年二月二六日、三月三日、三月一〇日。

38——「安全保障問題研究会議事録(第一一回)」一九七〇年八月二二日、六三~六四頁。

39——同上。

40——同上、四一~四二頁。

41——同上、四五~四六頁。

42——研究会では、米軍の海外駐留及び海外基地が持つ抑止機能には、明示的な戦略的抑止(核兵器を搭載している戦略爆撃機の常駐など)、そして暗黙の抑止(「米軍駐留によって、アメリカの保護意志を可視的なものとし、抑止効果——いわゆる〝人質効果〟——を期待する場合」)の双方があると考えられていた(「米軍基地問題の展望」三六頁)。在日米軍基地について言えば、核兵器を搭載した戦略爆撃機は常駐しておらず、明示的な戦略的抑止の機能はなく、暗黙の抑止の機能のみが存在していたということになる。また、この暗黙の抑止の議論は、シェリング(Thomas C. Schelling)らの議論を参考にしたようであり、研究会の議論でも度々その名が挙げられた。シェリングの議論については、*Arms and Influence*, Yale University Press, 1966, p.47を参照。

43——「安全保障問題研究会議事録(第一二回)」一九七〇年九月二六日、一五頁。

44——例えば三好は、「日本の場合でも基地があろうとなかろうと、つまり同盟関係においては、なんらかそこにインプリシッドなデタランスを作用し得る。そのことができないとわれわれの議論は全然進まない」との意見を示した(同上、二五頁)。ちなみに、三好は、これより前の第四回会合においても、同様の考えを示している(「必ずしも基地がなくても、そういう政治的連帯性というものがあれば、十分そういうインプリシット・デタレンスは達成されるんだ。……政治的側面でインプリシット・デタレンスというものをカバーし得る可能性がある。これは政治的外交的に関連してくると思います」(「安全保障問題研究会議事録(第四回)」一九七〇年四月八日、一六頁)。

45——研究会メンバーの永井は、この内容を理論的に裏付けるような発言を同時期に行っており、この主張の背景には、そのような考えがあったのだと推測できる(「三〇いくつのいろいろな国の同盟関係から帰納した、結論によれば、けっきょく軍事同盟とか、その他の条約というのは、あまり当てにならない。一番重要なポイントは経済的、政治的、外交的依存関係がどれだけ緊密かということです。それが非常に強いところでは、やはり本気になって守るという意思を示す。意思を示すばかりではなくて、攻撃する側から見れば、おそらくその大国は、その小国を必死になって守るだろうというイメージが高いわけです。だから安保の軍事同盟的側面を解消する一番の近道は、米国との経済的、文化的相互依存関係と信頼関係を深めるということだと思う」(衛藤瀋吉、岸田純之助、蝋山道雄、神谷不二、永井陽之助、岡部達味「X(シンポジウム)国際社会における日本の進路」江藤瀋吉、永井陽之助編『講座日本の将来3 世界の中の日本』潮出版社、一九六九年、三六七頁)。

46——「安全保障問題研究会議事録(第一二回)」一九七〇年九月二六日、三三~三四頁。

47——この点について、三好は「だからあれは日本人が受け入れれば、ああいうものは実際来なくてもいいから、来るかもしれんということにしておいた方がいい。」と述べている(同上、三三頁)。

48——「安全保障問題研究会議事録(第一五回)」一九七〇年一一月二一日、二三頁。

49——同上、四〇頁。

50——同上、四一頁。この部分に関連して、実際の議論(第一五回会合)では、岸田が、「ぼくはフォーカスレチナ作戦を、日本でやってみて、果たしてできるかどうかやってみることが大事」だとの考えを示した(同上、四八頁)。フォーカス・レチナ作戦とは、米韓両軍間に存在する共同空輸作戦のことであり、自衛隊と米軍の間でもこのような共同作戦計画を策定し、実際にそれに基づいた共同訓練を実施することが重要との考えを示したものだと考えられる。

51——同上、三八~三九頁。

52——堀江湛、池井優編『日本の政党と外交政策』慶応通信、一九八〇年。和田教美「『七〇年安保』と国内政治状況」朝日新聞安全保障調査会編『七〇年安保の新展開』朝日新聞社、一九六九年。

53——一九六九年二月一三日から一五日にかけて実施された、民社党の第一一回定期全国大会で決定した一九六九年度運動方針の中で、七〇年安保に関する党としての基本態度が明らかにされ、この内容が示された(『民社新聞』一九六九年二月二一日号)。

54——同上。

55――堀江、池井前掲書。和田前掲書。

56――自民党安全保障調査会「我が国の安全保障に関する中間報告」一九六六年六月二三日、坂田道太関係文書、坂田家所蔵。

57――同上、四五頁。具体的な方策としては、「日米防衛合同委員会」の設置が挙げられており、それにより、「共同防衛計画のほか、防衛関係情報の交換、共同防衛訓練の実施なども円滑に実施できるようになり、わが国の戦争抑制力を飛躍的に増大することになろう」とのことであった。

58――例えば、一九六六年七月一四日に開かれた外交調査会正副会長会議において、保科善四郎安全保障調査会会長代理は、日米防衛協力全般の必要性を説いた「我が国の安全保障に関する中間報告」を党議決定したいとの意向を示したが、外交調査会の小坂善太郎会長代理が反論し、保科の提案に難色を示した(『読売新聞』一九六六年七月一四日夕刊。『朝日新聞』一九六六年七月一五日)。また、田中角栄幹事長ら党執行部は、中間報告を党議決定することを避けることで、事実上凍結するという措置を取った(『朝日新聞』一九六六年七月一九日)。

59――「安全保障問題研究会議事録(第七回)」一九七〇年六月六日、三七頁。また、久住は、第五回会合においても、「あまり自民党や政府のお出しになるような、簡単な政策論ではいけないので、理論的裏づけとか、国際的な広い視野からの判断が当然加わらなければ、われわれがやる意味がうすいんじゃないかと思うんですが……」との同様の発言をしている(同上、三七頁)。

60――「……われわれこの研究会の理論的な面についてはインプリシテッドな暗示的な抑止、局地戦の対応、これをつめることによってわれわれの役割は果されるというふうに思います」(「安全保障問題研究会議事録(第一二回)」一九七〇年九月二六日、一五頁)。

61――『安全保障問題研究会報告集』、三六頁。

62――このように、本論文では、防衛庁内の議論のみに注目することとする。その理由は、本論文が注目する防衛協力の観点より鑑みると、当時の防衛庁内の議論に、研究会の議論との共通点が多く存在したからである。日米安保条約に関わるもう一つの所管官庁、外務省内の議論については、防衛庁内のものと比較すると、防衛協力についての議論があまりなされていないように思われる。もちろん、前述の沖縄基地問題研究会における東郷アメリカ局長の発言、そして以下に示す外交政策企画委員会の文書に示されるように、その必要性についての認識は一部に存在したと考えられるが、これ迄に開示された史料からは、実際の政策や政策過程にそれが反映されていた度合いは高くないように思える。

一九六九年に出された外交政策企画委員会による「わが国の外交政策大綱」文書では、日米安保体制の今後の運用に当たって留意する点の一つとして、「日米両外交当局及び両軍の間の協議の密度を高め、又段階的に緊急事態対処計画、作戦上の打ち合せ等をNATOの水準にまで高めること」が挙げられた(外交政策企画委員会「わが国の外交政策大綱」一九六九年九月二五日、「〝核〟を求めた日本」報道において取り上げられた文書等に関する調査についての関連文書、http://www.mofa.go.jp/mofaj/gaiko/kaku_hokoku/pdfs/kaku_hokoku02.pdf、二〇一六年三月二〇日アクセス)。これは、日米両軍間の軍事委員会設置、有事の際の防衛協力に必要な共同計画策定につながる内容であり、外交政策企画委員会が防衛協力の必要性を認識していたことを示している。ただし、この文書は、「これをもつて全省的な政策指針とすることを目的としたものではない」としてあるように、あくまで外交政策企画委員会の考えであり、外務省全体の政策指針という訳ではなかった。

また、安保研の報告書が提出された後(一九七二年)に出された栗山尚一外務省条約課長の論文(T.K., "Is a New Japan-U.S. Security Arrangement Possible?," November 1972, Bureau of East Asian and Pacific Affairs, Office of Japanese Affairs, SUBJECT FILES, 1960-75, Box 9, RG 59, National Archives II, College Park, Maryland)では、研究会の結論と共通する内容(日米安保体制の政治同盟化、米軍の有事駐留化)が主張されたが、それに伴う日米防衛協力(特に、本論文が注目する軍と軍との間の協力という意味でのそれ)の必要性については議論していない。栗山が言及しているのは、有事の際の基地使用(主に第六条事態を想定)や、駐留費用についてのみである。これは、外務省が主に第六条事態を管轄しており、当時、日米防衛協力の主な対象とされた第五条事態には、あまり関心を向けていなかったことが影響しているのではないかと推測できる。ちなみに、この栗山の議論も、外務省の中で合意されたものではなかった(上記文書に添付された在日米国大使館発のメモに「面白い文書――外務省内で合意されていないが、刺激的な論考」との記述がある(Amembassy TOKYO to Department of State, December 26, 1972, ibid.))。このような外務省の中でも進歩的な意見を米国側に投げかけて、その反応を探り、その後の日米安保体制のあり方に資することが、栗山論文の目的であったと考えられる。そのような進歩的な意見の中に防衛協力についての内容が存在しないということは、この点についての省内の関心は、低いものであったということが推測される。

63――ここでは、共通性のみに焦点を置いて議論するが、もちろん、防衛庁内に、研究会の議論とは異なる意見を持つ者も存在した。久住は、安保研究会の報告書について触れた講演会において「防衛庁あたりでも、いろいろと批判があると聞いています」と発言している(久住忠男『(講演)米国のアジア政策と日本』大陸問題研究所、一九七一年)。この防衛庁における批判には、具体的には、海原治による批判が含まれたのではないかと考えられる。海原は、安保研究会に参加した際(第四回会合)、そして自らの論文(「日米安保条約の具体的な意味は、何か。」「海原治関係文書」七-二-二、国立国会図書館所蔵)においても、研究会が提言した有事駐留化の議論に反対する見解を示した。ただし、当時の中曽根防衛庁長官が研究会に近い考えを持っていたこともあり、このような考えは防衛庁内の主流ではなかったものと考えられる。

64――久保卓也「日米安保条約を見直す」久保卓也遺稿・追悼集刊行会編『久保卓也遺稿・追悼集』久保卓也遺稿・追悼集刊行会、一九八一年、四〇、五八頁。

65――「日米安保条約が、米国に日本防衛に寄与させる代わりに基地を提供するという構造をとっているところに、国民に身近な問題が生じている。……そうなれば結局、日米安保条約は存続させながらもその存在をなるべく目に見えないようにする、すなわち基地の整理縮小、米軍の削減、有事駐留方式への移行というような努力を今後日米双方がなさなければならない。ニクソン・ドクトリンや七三年度のレアード報告は正にこの方向に沿ったものであるといいえよう。」(同上、五四頁)

66――「……単に安保条約があるという事実だけに安住していてはならないのであって、平時における準備体制が必要かつ重要である」(久保、一九八一年、五五~五六頁。)

67――同上。

68――久保は、「防衛力整備の考え方(KB個人論文)」においても同様の考え方を示している。そこでは、「日米安保体制の下に米軍の来援をより確実ならしめる手段」の一つとして、「軍事的協力関係の強化」が提示され、その具体的な内容としては「在日米軍基地の有事即応のための整備、米軍の指揮通信機能の存置、日米連絡協力関係の緊密化、日米共同軍事演習の実施、米軍の支援訓練」が挙げられた(久保卓也「防衛力整備の考え方(KB個人論文)」一九七一年二月二〇日、データベース『世界と日本』、http://www.ioc.u-tokyo.ac.jp/~worldjpn/documents/texts/JPSC/19710220.O1J.html、二〇一七年五月七日アクセス)。

69――小谷秀二郎『防衛の実態――防衛庁ビッグ四との対話』日本教文社、一九七二年、二三〇頁。

70――小谷は、「……問題にしなければならないことは、まず抑止力だということがわからんわけじゃないんですけれども、実は欠けているのは、そういったエマージェンシーに対してどうそなえるかということについて話し合いをする場が実はないんじゃないかと思うんです。現実の問題として言えば、日米安保条約体制はあるけれども、それをエマージェンシーに際して具体的に機能させるための軍事委員会もないし、また日米の制服同志がそれぞれの部署について話し合ってもいいぞというお許しも政府から実は出ていないというふうに私は聞いているんです。そういったことが欠けているから、ある意味で抑止力の効果もないし、また、防衛力としてほんとに機能するかということに疑惑も持たれるんじゃないかと思うんです。単にこれが『制服の研究としては』という単なる研究ということではなくて、政治的な具体的な問題として、そしてシビリアン・コントロールの問題として、日米間の協議ということが実は大事なんじゃないか、というふうに考えてるわけなんですけれどね」とも発言している(同上、二三一～二三二頁)。

71――同上、二三一頁。

72――同上、二三二～二三三頁。

73――中曽根康弘「これからの日本の国防――第四次防衛力整備計画策定の前提について」(一九七〇年三月一九日の自由民主党安全保障調査会における防衛庁長官演説要旨、佐道明広『戦後日本の防衛と政治』吉川弘文館、二〇〇三年、二三四頁)。また、久保卓也防衛局長も四次防策定に関して同様の見解を述べている(「海原治関係文書」九‐六‐一)。久保によれば、三次防までは日米の防衛分担が明確ではなかったが、日本の国力向上、そして、ニクソン・ドクトリンにより米国の態度が明示されたこと、により、日米の防衛分担が明確になった。その内容は、核抑止、攻撃能力は米国側、残りは日本、というものであるが、その日本の分担部分は、「わが国が独自で防衛力を整備していかなければならない」、とのことであった(同上、九‐六‐一、一七‐一三‐五)。

74――これに関連して、児玉良雄元内閣官房内閣安全保障室長は、防衛局第一課時代に、七〇年安保を迎えるに当たり、有事の際の日米共同防衛体制のあり方を部内で議論したとの証言を行っている(「児玉良雄オーラル・ヒストリー」防衛省防衛研究所戦史研究センター編『オーラル・ヒストリー　冷戦期の防衛力整備と同盟政策二(防衛計画の大綱と日米防衛協力のための指針)』防衛省防衛研究所、二〇一三年、二九五頁)。

75――「海原治関係文書」七‐四‐一。

76――佐道明広は、当時の論壇で大きな影響力を保っていたリアリスト・グループと防衛庁との間に「相互的な影響があったことがうかがわれる」(八三頁)との指摘をしているが、そのリアリスト・グループに研究会メンバーの中村、高坂、神谷、衛藤瀋吉東京大学教授が含まれるとの見方を示している(佐道明広『自衛隊史論』吉川弘文館、二〇一五年、七六～七七頁)。また、特に、中曽根や久保は高坂の防衛論に影響を受けたとの指摘もある(佐道明広

『戦後日本の防衛と政治』吉川弘文館、二〇〇三年、二七二頁)。

77――『読売新聞』一九七〇年一月一八日。

78――「安全保障問題研究会議事録(第四回)」一九七〇年四月八日、二七~二八頁。

79――久保が「指針」策定にそれほど積極的ではなかった理由として、既存研究においては、いくつかの理由が指摘されている。例えば、佐道(二〇〇三年)では、「米軍基地の存在自体が抑止力になるという考え方であり、日米が共同行動まで行うことについては重視していなかった」、「基本的考え方は自主防衛であって、共同行動の必要性に関してはほとんど認識していない」、「制服組の防衛論に対する不信感もあった」との理由が挙げられている(二八八~二八九頁)。また、吉田真吾『日米同盟の制度化――発展と深化の歴史過程』(名古屋大学出版会、二〇一二年)では、「反軍主義が残存する日本国内への配慮や自らがこの政策を主管できなかったことからくる『ジェラシー』に基づく、表層的なもの」(二五〇頁)との理由が挙げられている。本論文では、久保が安保条約の抑止の側面を重視しており、それが破れた際の日米防衛協力を具体的に考えることよりも、日米の政治的関係を強化することがより重要だと考えていたことを示したが、このことが、既存研究が指摘するいくつかの理由の根源にあったのではないかと考えられる。つまり、安保条約の抑止の側面を重視していたからこそ、米軍基地の抑止力としての側面に注目し、自主防衛という基本的な考え方の下、「共同行動の必要性に関してはほとんど認識していない」ように受け取れる態度を取ったと言えないか。また、日米の政治的関係を強化することがより重要だと考えていたことが、「制服組の防衛論に対する不信感」「反軍主義が残存する日本国内への配慮」を生んだと言えないか。さらに、このような久保の考えとは異なる「指針」策定推進派が政策を進めたことが「ジェラシー」を生み出したと言えないか。

80――詳しくは、板山真弓『日米同盟における共同防衛体制の成立 1951-1978年』(東京大学博士論文)、二〇一四年、第三章を参照。

81――このような議論の例として、トランプ(Donald J. Trump)米大統領候補の主張が挙げられよう(Donald J. Trump, "Trump on Foreign Policy," *National Interest*, April 27, 2016, http://nationalinterest.org/feature/trump-foreign-policy-15960, 二〇一六年五月一七日アクセス)。

第2章

佐藤政権期における基地対策の体系化

ふたつの有識者研究会の考察を中心に

小伊藤優子
KOITO Yuko

はじめに

佐藤栄作首相は、戦後の一大事業である沖縄返還を実現した。返還交渉に際しては有識者を重用し、対米交渉方針を検討させた。この過程で有識者は、沖縄返還後の米軍基地のあり方について、国民の総意を反映した合意を形成する役割を果たしたといえよう。

また佐藤政権期には、日米安全保障条約(以下、日米安保条約と略記)の更新をめぐる議論が盛り上がり、それにともなって米軍基地に関する諸問題が顕在化していた。一九六〇年に改定された同条約は、一〇年の固定期間を経た後、日米のいずれか一方が条約を終了させる意思を通告した場合、一年後に解消されることになっていた。このように、条約の更新期にあたる一九七〇年に向けて日米安保体制の延長の是非をめぐる議論が盛り上がるのと同時期に、沖縄返還が論点として浮上していたことは、日本に、基地提供のあり方と共に安全保障政策を模索させる機会になったと考えられる。

在日米軍基地は、一九五一年に旧安保条約を締結して以来、日米間の課題であり続けていた。一九五八年二月の岸・アイゼンハワー共同声明に基づいた在日米軍地上戦闘部隊の撤退が完了して以降、米国がベトナム戦争に本格的に介入した後は、前進補給基地として活用され基地の整理縮小は停滞した。

岸政権を継いだ池田政権は、日米間の経済的関係を重視していた。そのため、米軍基地に関する問題の解決は先送りされることになった[1]。所得倍増計画に湧く一方で、高度経済成長にともなって都市部の米軍基地周辺の市街地化が進み、基地周辺では騒音被害が深刻になっていた。機関砲弾、模擬弾の誤射といった事故が相次いで発生し、周辺住民の反基地感情は高まっていた。こうした事態を受けて佐藤政権は、米軍基地をめぐる諸問題の解決に積極的に取り組み、そして、防衛施設周辺整備法（以下、基地基本法と略記）を制定した。

その後、沖縄返還が日米交渉の論点として浮上すると、佐藤首相は、沖縄返還交渉に際して民間の有識者で構成される「沖縄問題等懇談会」（以下、沖懇と略記する）を発足させ、諮問機関として施政権返還に関する問題全般について検討するよう指示した[2]。この、沖懇の下部組織として設置されたのが、「沖縄基地問題研究会」（以下、基地研と略記）であり、以後、佐藤首相のブレーンとして有識者の活躍が顕著にみられるようになる。

基地研は、それまで外務省や防衛庁が主管してきた米軍基地のあり方をめぐる議論に、民間人として初めて公式に関与することになったといえる。そして「核抜き・本土並み」返還を含む、四つの骨子からなる対米交渉方針を報告書にまとめた。佐藤首相は、沖縄の返還方針について白紙論を保っていたが、一九六九年三月一〇日の参議院予算委員会で、二日前に基地研が提示した対米交渉方針と軌を一にする「核抜き・本土並み」返還方針を初めて公に表明し、対米交渉に臨む決意を固めた。

このことに鑑みれば、沖縄の米軍基地に関する諸問題について、日本政府の取り組みを評価するうえで基地研が果たした役割は看過できない。したがって、外務省や防衛庁のみならず有識者研究会の活動と役割に着目して、米軍基地に関する諸問題をめぐる議論について考察を進めることは重要である。

当該期の有識者の役割については、沖懇および基地研が「核抜き・本土並み」返還を方針化したことがすでに指摘されている[3]。しかし、基地研が沖縄返還交渉に際して米軍基地に関する諸問題をどのように位置づけたかについては明らかにされていない。また、基地研は佐藤首相に対米交渉方針を提出した後も、「安全保障問題研究会」(以下、安保研と略記)と改称して、沖縄返還交渉の進捗状況をふまえながら関係各省庁と連携し、米軍基地に関する諸問題への取り組みについて研究を続けた。こうした、安保研の活動と役割については十分に研究が進んでいない。

一九七〇年代に活動した有識者研究会の役割を解明することは、一九八〇年代にかけて、米中接近、米ソ緊張緩和、ベトナム戦争の終結など、東アジアの戦略環境の大きな変化に対応しようとして形成された、総合安全保障概念への変遷をたどることになると考えられる[4]。

本土と沖縄の米軍基地に関する諸問題をめぐる日米関係について、先行研究では、日米安保条約や日米地位協定をめぐる条約交渉や政治過程の解明が進んできた。本土と沖縄の米軍施設・区域の整理・統合について、各々の外交・政治過程の解明が進展し、特に沖縄の米軍基地については核兵器の再持ち込みとともに、基地のあり方をめぐって対米交渉で妥協したとみなされてきた[5]。他方で、米軍への基地提供を可能にした構造的枠組みが形成される過程については看過されてきたといえよう。

以上をふまえたうえで、本章は、佐藤政権期の米軍基地に関する諸問題をめぐる議論を、基地基本法制定と沖縄返還が論点化した時期に大きく二分して、各段階において異なる行為主体の論点や役割の推移に着目して叙述を進める。前半の基地基本法制定が論点化する過程では特に、米軍基地に関する諸問題への対策を担っていた基地を抱える地方自治体に焦点を当てる。沖縄返還が論点化した後については、さらに①施政権返還の合意のための交渉、②返還協定の作成をめぐる交渉の二段階に分けて、各段階における有識者研究会の活動と役割の推移を明らかにする[6]。そのうえで、佐藤政権期の米軍基地に関する諸問題をめぐる議論の特徴を包括的に捉えなおし、有識者研究会が果たした役割について考えてみたい。

なお、本研究では、基地研および安保研の活動と役割を分析するにあたり、渡邉昭夫氏が所蔵する未公刊の議事録を閲覧する機会を得た[7]。これらの議事録から、有識者研究会の知的生産活動を考察することが可能になった。記して感謝申し上げたい。

1 基地基本法の制定をめぐって

戦後日本の経済が復興期を経て高度経済成長期に至る過程で、都市部の米軍基地周辺は急速に市街地化が進み、人口が増加した。これにともない、基地周辺地域での米軍の活動による被害は、基地問題としてクローズアップされるようになった。一九五〇年代半ばから一九六〇年代前半にかけて、砂川、内灘、富士などで米軍基地の拡張や演習の実施をめぐる問題が続発した。この間、日本政府には、基地問題に対応する基本方針が定まっておらず、米軍部隊の撤退や米軍施設・区域の整理・統合を進める一方で、米軍基地に起因する被害への対応は、主に基地を抱える自治体に委ねられており、損失には事案ごと個別に見舞金が支払われていた。

日本政府が基地問題に有効な対策を講じられずにいると、基地周辺地域では住民が基地に起因する被害から自らの財産権や生活権を守るために立ち上がり、住民運動が活発化した。高まる反基地感情は、米軍の駐留と基地提供を容認する日米安保体制と、それを堅持する日本政府への批判を招いた。こうした事態に鑑みて、基地問題に関する法整備に取り組んだのが佐藤政権である。

佐藤政権が発足して間もない一九六四年一二月二一日、渉外関係主要都道県知事連絡協議会(以下、全国渉外知事会と略記）など基地関係五団体が基地周辺民生安定法制定促進全国大会（以下、民生安定法制定促進全国大会と略記）を開催した。約五〇〇人の基地周辺住民が参加し、政府の積極的な基地対策を規定する法律の制定を求める決議文と要望書を採択した[8]。

全国渉外知事会は、一九六二年一月に神奈川県知事の呼びかけで発足した[9]。神奈川県は厚木飛行場を有しており、一九六〇年頃から米海軍および海兵隊の使用機のジェットエンジン化が進むと、深刻な騒音被害が発生していた。当時神奈川県は、本土で最も多くの米軍基地を抱える自治体であった。各自治体が個別に基地問題に対処している状況を受けて、神奈川県知事は、政府に一貫した対策を樹立させるため、米軍基地を抱える自治体の首長に呼びかけ全国渉外知事会を発足した。以来、会長は神奈川県知事が務めた。神奈川県庁では、渉外部が基地周辺の民生安定を目的とする法律の制定を目指して法案を作成し、一九六二年五月の全国渉外知事会の定例会で、要望書とともに政府と政党関係者に手交することが決まった[10]。こうして全国渉外知事会は、基地周辺住民の民生安定を目的とした法整備を促進する活動を行なった。

佐藤首相は、民生安定法制定促進全国大会が開催された翌日の一九六四年一二月二三日の閣議で、基地周辺の騒音防止や民生安定など基地問題の具体的解決策を検討するため、関係各省庁の次官による会議を開く方針を決定した[11]。この閣議決定から一年後の一九六五年一二月、政府は法案を作成した[12]。そして、米軍関係の損失補償は防衛施設庁が、自衛隊関係の補償は防衛庁が担当するという従来の補償措置を、防衛施設庁に一本化することで基地に起因する被害や損失について迅速な対応を目指した。

このように政府が基地周辺住民の民生安定について検討する間も、基地周辺住民と米軍との間で摩擦は生じていた。一九六五年一〇月に、富士演習場でリトル・ジョン地対地ミサイルを用いた発射訓練が行なわれることになると、ミサイル着弾予定地におよそ二〇〇人の住民が座り込み、演習に反対した[13]。発射訓練は、警察が出動して着弾地付近から住民を退去させ、米軍側のヘリコプターで安全が確認された後に実施されたが、訓練に反対の意を示す住民が着弾地付近に狼煙を焚こうと近づき、全員を退去させることができないまま訓練が実施されたため、人命を軽視しているとして日本政府と米軍に対する抗議の声は強まった[14]。米側は、リトル・ジョンの発射訓練について、日本の安全保障を念頭において行なうもので、日本が仮想敵国から直接侵略を受けた際に、米軍と自衛隊が共同防衛するという想定で行なわれていると説明した[15]。

富士演習場をめぐる住民運動は、政治性を帯びていた。五年後に控えた日米安保条約の更新について、関心が高まっていたこともあり[16]、民生安定のための法整備のみならず、基地提供のあり方を問う社会問題の様相を呈していた。

こうして一九六六年六月に制定された基地基本法は、基地に起因する被害や損失を軽減防止するために必要な措置について、国が助成することを定めた[17]。佐藤政権は、従来、事案ごと個別に見舞金を支払うなど基地を抱える自治体に委ねられていた対応に、国が関与する余地を拡大したといえよう。

しかし、一九六六年七月に基地基本法が施行された後、米軍基地に関する諸問題をめぐる議論は再び盛り上がりをみせることになった。一九六七年一一月の日米首脳会談で、両三年内に沖縄の返還時期について日米両政府が合意することになり、沖縄返還が日米の交渉の土台に上ると、沖縄の基地問題がクローズアップされた。一九六八年二月には、B52戦略爆撃機の沖縄駐留が問題となった。B52は大陸間弾道ミサイル（Intercontinental Ballistic Missile: ICBM）、潜水艦発射弾道ミサイル（Submarine-Launched Ballistic Missile: SLBM）にならぶ米国の核戦力の主力であった。そのため、B52は核兵器を搭載している可能性があるとして、国会で論争の的になっていた[18]。

こうした懸念に対処するため、同月一二日に東郷文彦北米局長は、ベトナム戦争で使用されているB52の配備が沖縄住民に不安を与えているとして、デイヴィッド・オズボーン駐日米公使に「現地住民の不安を取り除くため十分配慮してほしい」と申し入れた[19]。しかしその後、一一月一九日に嘉手納米空軍基地からの離陸に失敗したB52が大爆発する事故が起きた。B52が核兵器を搭載している可能性と、沖縄に核兵器が貯蔵されているという疑念が払拭されないまま、弾薬庫の近くで大爆発が起きたことで、現地住民の反基地感情を激化させた。B52墜落事故の衝撃を受けて、沖縄現地の政党や労働組合、民間団体等が共闘体制を組み、B52撤去を求めて活動した[20]。同月一〇日に行なわれた琉球政府行政主席選挙で革新派の屋良朝苗が当選していたこともあり、沖縄では反基地闘争が急進化することになった[21]。

反基地闘争の盛り上がりは本土においても見られた。沖縄返還が論点化した後は、民生安定を求めるのみならず、一九七〇年の日米安全保障条約の更新、いわゆる「七〇年安保」を控えた状況で、沖縄返還を契機に日米安保体制のあり方について再検討を求める声が強くなっていたといえよう。こうした事態を受けて、日本政府は基地対策費の増額と、基地整理にむけて積極的に取り組みだす。

日本政府は、一九六八年九月の第五回日米安全保障高級事務レベル協議(Security Sub-Committee: SSC)で在日米軍基地全般にわたって全面的再検討を行なうよう米側に申し入れた[22]。外務省と防衛庁は、反基地感情が高まって基地機能を妨害しうる政治問題が発生しているとの認識を示し、日本を含めた極東の安全の確保を目的とする在日米軍基地が、支障なく機能するよう取り組む責任は日本政府にあると認めたうえで、米政府に米軍基地の返還、整理・統合を全面的に検討するよう申し入れた[23]。そして、基地問題に適切に対処するための手段として、基地の共同使用を提案した。

日本側が考える基地の共同使用とは、現行の日米地位協定第二条第四項(b)[24]を根拠として関連する国内法を改定し、在日米軍基地を自衛隊の管理下へと移管することを意味していた。外務省は、盛り上がる反基地闘争の背景には、日米の友好関係が進展している反面、米軍が基地を使用していることが依然として占領軍の延長で存在しているような印象を与えており、ナショナリズムを刺激していると分析していた。したがって、基地周辺住民は米軍基地の受入れには躊躇を示すが自衛隊基地ならば歓迎すると判断し[25]、米軍基地を自衛隊の管理下へと移管することが望ましいと考えたのである。小幡久男防衛事務次官は「自衛隊は国民感情に受け入れられ始めている」ため、「基地が米国よりも防衛庁の管理下にあるほうが良い」として、基地の共同使用を提案した[26]。こうして日本政府は、基地基本法に基づく基地周辺住民への補償措置と、それに並行して自衛隊管理下で基地の共同使用を進めることで、基地問題の解決を図ろうと努めたのである。

しかし、基地の共同使用は遅々として進まなかった。日米両政府は、在日米軍の施設および区域の再編実施が好ましいという点で意見は一致していたが[27]、共同使用を実施するためには日米地位協定や関連する国内法の改定が必要であり、日米間の調整は難航した[28]。このような状況で防衛施設庁は、一九六九年度予算の概算要求で、基地対策費を前年度比四六パーセント増の二五一億円要求した[29]。基地対策費の大幅な増額は、米軍基地の管理を自衛隊へ移管するという形での共同使用が進まない一方で、基地周辺住民の被害や損失の軽減防止に取り組むことで不満を和らげ、一九七〇年の日米安保条約更新期に、反基地感情を要因とした安保体制廃棄の議論が盛り上がるのを防ぐことを意識して行なわれたと考えられる[30]。

以上みてきたように、基地問題は、基地を抱える自治体の地方行政に対応が委ねられていた。基地に起因する被害から、周辺住民の民生安定を確保することや、諸権利の保障が課題であった。これに対して佐藤政権は、基地に起因する被害への補償措置を法文化し、国の関与を拡大することで解決を目指したといえよう。こうした基地基本法の制定は、「七〇年安保」問題を大事無く乗り越えるための布石であった。しかし、沖縄返還が日米の交渉の土俵に上ると、再び基地問題について、とりわけ沖縄の基地問題が注目されることになった。沖縄の米軍基地に関する諸問題は、基地周辺住民の諸権利の補償のみならず、日米安保体制のあり方について問題提起する機会になったといえよう。

こうした状況で、沖縄の米軍基地に関する諸問題について検討したのが基地研である。次節では、基地研が対米交渉方針を策定する議論の中で、沖縄の米軍基地に関する諸問題をどのように位置づけたかについて考察する。

2 沖縄返還と米軍基地の整理

沖縄の返還は、一九六七年一一月の日米首脳会談で、いよいよ現実味を帯びることとなった。一一月一二日に訪米した佐藤首相は、ジョンソン大統領と会談して、沖縄について「両三年内」に日米双方の満足しうる返還の時期につき合意する約束を得た。一一月一五日に発表された共同声明では、「両三年内」に返還時期について両国政府が合意することが明記され、初めて沖縄返還までの具体的な時間が示された。しかし、この日米首脳会談では、米軍基地のあり方などについて触れられることがないまま、返還時期の目途が示されることになった。この時点では、米軍基地のあり方について日本政府内の意見はまとまっていなかったのである。

米国が大規模な軍事介入を通じてベトナム情勢の好転を図ろうとして北爆を開始した一九六〇年代中頃から、在日米軍基地は前進基地として重要不可欠な役割を果たしていた。特に、沖縄には、米軍の部隊を第一線に送り出すための兵器補給施設が完備されており、ベトナムに上陸する予定の海兵隊や陸軍の部隊は、沖縄で戦闘待機の状態におかれて訓練し、ベトナムへ展開していた。米国本土からベトナムへの海上輸送が二五日要するのに対して、沖縄からは五日で可能であったため、那覇軍港の陸揚げおよび積出し総量は月平均一六～一七万トンに上った。また、航空機によるベトナムへの緊急輸送も活発化し、嘉手納米空軍基地の航空機離着陸回数は月間一万回を超えた。嘉手納基地には戦略空軍所属のKC135空中給油機が配備され、グアム島に配備されたB52爆撃機が北ベトナムを空爆するのを支援した。普天間基地にはC130輸送機が配備され、ベトナムへ海兵隊員を輸送し、補給品を投下した[31]。

米国本土から日本を経由してベトナムに米軍が展開されていたことは、日本人に「米国の戦争に巻き込まれる」という懸念を抱かせた。トンキン湾をパトロール中であった米軍機が、海南島付近で中国機と交戦したと報じられると[32]、沖縄では、「第一に報復を受けるのは沖縄だ」という危機感が高まり、基地提供のあり方についいて論争を呼んだ。
こうした状況下で、一九六八年三月三一日にジョンソン大統領が北爆の一方的停止とベトナム戦争の交渉による解決を目指す方針を発表し、同年秋に予定されている大統領選挙への不出馬を表明した。このジョンソン声明は、ベトナム政策の誤りを認めて辞任するという意味で認識されることになり[33]、野党はベトナム政策を支持してきた佐藤政権を批判した。さらに、国民の反基地感情を追い風に、日米安保体制の即時廃棄を主張した。一九七〇年の日米安保条約の改定期を前に、野党はとりわけ、ベトナム戦争に在日米軍基地が活用されることについての日本政府の説明責任を追及しており、米軍基地に関する諸問題をめぐる日本政府の対応が政争の具になっていた。

このように、日米安保体制のあり方が問われる状況の中、基地研は発足した。基地研は、沖懇の下部組織である。沖縄返還交渉に臨む佐藤政権は、有識者懇談会を活用した。

一九六八年二月一七日の第一回研究会では、沖懇の座長である大濱信泉《のぶもと》が出席し、佐藤首相の賛同を得て研究会の設置に至った経緯を説明した。大濱は、今後の日米交渉で「施政権返還後の基地の在り方が焦点となる」ことが予想されるため、首相に助言をし、参考となるような資料を作成するよう指示した。また、自由に議論するために非公式会合とするものの、実質的には沖懇の一環として行う旨を説明した[34]。沖懇の委員である軍事評論家の久住忠男が座長を務め、日本健青会委員長の末次一郎が事務局長として運営することが決まった[35]。こうして基地研は、沖縄返還に伴う米軍基地に関する諸問題について検討を重ねることになった。研究会は一九六八年二月の発足から翌年二月までに十八回行われ、木村俊夫官房長官や外務省内で沖縄返還交渉に携わる東郷アメリカ局長、千葉一夫北米課長、大河原良雄参事官、佐藤行雄らが交代で参加した。

基地研は、沖縄返還が「安保の歴史の転換」になるとの認識を抱いていた[36]。そのため返還時の沖縄の米軍基地のあり方について、日本が極東における安全保障のために果たしうる役割のみならず、沖縄の政治情勢の展望と本土政府との関係、世論の動向など、あらゆる方面から日本政府がとるべき措置を検討することの重要性を確認した。つまり、当該研究会は、予め核配備問題に論点を限定して議論したわけではなく、返還時の沖縄の米軍基地のあり方について望ましい結論を複数描き、それらの検討を行なう際に、極東の安全保障、国内の政治情勢、世論の動向といった課題をできるだけとり上げ議論する方法が採られた[37]。この方法が採用されたことで、返還交渉の過程で浮上することが予想される課題が、微に入り細に入り提示されることになった。

「七〇年安保」論争が盛り上がり、日米安保体制のあり方が問われるなかで、返還後の沖縄の米軍基地のあり方を検討することは、沖縄への日米安保条約の適用についての問題を提起した。四月一八日の第三回研究会で岸田純之助朝日新聞論説委員は、日米安保条約第六条[38]を沖縄返還の時期とずらして適用することで施政権の返還合意にむけた交渉の進展を図ることを提案した。岸田は、ベトナム戦争の終結には二、三年かかり、和平交渉の進展はさらに時間を有すると判断していた[39]。ベトナム戦争を戦っている間、沖縄の米軍基地の使用を制限したり、縮小・返還することについて米議会を納得させることは困難であり、そうなれば返還交渉自体の停滞が予想された。そこで基地研は、一九七〇年の条約改定期を迎える前に、基地問題をめぐって険悪になっている日米関係を改善し、安定させるために沖縄返還交渉を進展させることにこだわったのである。

六月一四日に行われた第五回研究会では、小谷秀二郎京都産業大学教授が、「沖縄の基地形態を論じる前に沖縄を含めた日本の安全保障の姿勢を明確にすべき」であると問題提起した。小谷は、その安全保障観に基づいて「沖縄の基地の価値判断」をしたうえで、「自由使用か、あるいは核なしか」というような基地の形態を検討することが大切であるとの見解を述べた[40]。こうした小谷の発言は、沖縄返還にともなう米軍基地のあり方という問題が、根本的には、日本の安全保障の問題であることを指摘し、施政権返還の合意のための交渉に備えて対米交渉方針を作成するにあたり、まず、返還後の安全保障観を確立することを提案したと理解できる。他方で、岸田は「研究会のすすめ方としては、技術論をテーマにしないと発散するおそれがある」と意見を述べている[41]。

岸田の発言は、日本の安全保障観に立脚した沖縄の米軍基地のあり方を明確にする重要性を認識しながらも、米側が受け入れやすい沖縄の米軍基地のあり方と、それを実現する方策を提示することに基地研の役割を限定したと理解することができる。

基地研は、翌年に予定されている佐藤首相の訪米までに、返還時の沖縄の米軍基地のあり方について具体案を提示することを目指していた。米軍基地受け入れをめぐる取り組みについて大局的見地から検討する重要性を認識しながらも、日本の安全保障観について十分に議論を深める時間の余裕がなかったといえよう。活動期間が約一年間と限定されているなかで対米交渉方針をまとめる作業は、政治的にも軍事的にも大きな課題であった核兵器の配備問題について論点の集約を促した。

しかしながら基地研は、核兵器の配備問題について、核兵器撤去の可能性や具体的な解決方法を見出せずにいた。日米両政府間では、すでに地域安全保障に対する日本の責任分担問題が顕在化していた[42]。基地研は、沖縄の米軍基地のあり方を軍事面から検討すれば、「極東のキーストーン」という地域の安全保障に欠かせない重要拠点であり、日本は不利な立場におかれ、交渉が滞る可能性があると認識しており[43]、有利な立場で交渉を進展させる方策を模索した。

米政府の交渉態度をはかりかねていた基地研は、「沖縄およびアジアに関する日米京都会議」(以下、日米京都会議と略記)を開催し、日米の専門家による話合いで返還合意の妥結点を見出そうとした。日米京都会議は一九六九年一月二八日から三一日までの四日間、京都国際会館で行われた。米国からはエドウィン・ライシャワー元駐日米大使や、核戦略家のアルバート・ウォルステッターシカゴ大学教授、トマス・シェリングハーバード大学教授を含む専門家が来日し、沖縄からのオブザーバーも交えて、沖縄返還と日米関係の将来について議論した[44]。この会議で、ウォルステッターは、返還時の沖縄には核兵器は必要でなくなるし、本土と同じ制約を受け、事前協議も本土と同様に適用されたほうがよいという見解を示した[45]。またシェリングは、沖縄に配備されている核体系が他の戦術体系で代替されていることを挙げて、必要なのは有事の際に核兵器を持ち込める権利を保持することだと述べた[46]。さらに、核管理を複雑にしたくないという米国の意図が知らされ[47]、日米京都会議は、基地研にとって核兵器撤去の実現性を見出す機会になったといえよう。こうして基地研は、日米京都会議を終えた後、佐藤首相に提出する報告書をまとめる作業に入った[48]。

一九六九年三月八日、基地研は対米交渉方針をまとめた「沖縄基地問題研究会報告」を提出した。報告書は、沖縄が①一九七二年までに、②日米安保条約の適用を受けて本土並みで返還されることが望ましく、③沖縄にある軍事基地は可能な限り整理縮小し、④返還の円滑な実施を推進するために日米の協議機関を設ける、という四点を骨子とした内容であった[49]。加えて基地研は、「沖縄への核配備の重要性はなくなったというのがわれわれの結論である」と明記し、その理由として、核兵器運搬手段の技術、指揮統制技術、兵站技術の進歩によって近接基地の核配備の価値が減少したこと、したがって、小型戦術核や戦場核といわれるものの保有、貯蔵基地としての沖縄の価値が大幅に減じつつあることを挙げた。そのうえで、「沖縄問題の解決は、あくまでも日米の政治関係を一層対等で、活気に満ちたものに発展させるための基礎となるように、方向付けられねばならない」とした[50]。こうして基地研は、軍事性の高い核兵器配備問題を、日米安保体制の安定化につながる政治問題として位置づけることで、対米交渉で不利な立場に立たされることを回避し、なおかつ返還交渉の進展を図ろうとしたと考えられる。

しかし、基地研が提出した報告書には、核抜き返還を実現する具体的方法は記載されなかった。基地研は日米京都会議のあと、会議の総括を行った。二月八日の第一八回研究会では、沖縄返還をアジアにおける日米関係と関連して日米京都会議で取り上げたことの意義を高く評価する一方で、「どうする方がよいか、また利益か、という議論は民間でもできるが、どうすることが可能かということは、政府でなくてはできない」「沖縄返還の問題は、もはや政府でなければ解決できない時期にきている」と自らの役割の限界を認め、具体的対応を政府に委ねたのである[51]。

基地研が報告書を提出した二日後の三月一〇日の参議院予算委員会で、佐藤首相は、「非核三原則の立場で沖縄返還交渉を行う」という慎重な表現ではあるものの、沖縄の核抜き返還の方針を初めて公にした。そして同日、佐藤首相は記者会見で、「考えているところは、沖縄返還の在り方は本土並みだ」と述べ、「核抜き・本土並み」沖縄返還の方針を表明した[52]。この後、日本政府は「核抜き・本土並み」返還の方針で対米交渉に臨むことになった。

核兵器が前進基地へ配備されてきたことにみられるように、基地が果たす機能は軍事問題である。それを二国間関係の安定のための政治問題として位置づけた基地研にとって、施政権返還の合意のための交渉過程は、日米安保体制を基軸としながらも、軍事手段に重きを置いた安全保障からの脱却を模索した機会であったといえないだろうか。報告書を提出した後、基地研は自らの役割を終えたとして解散する。しかし、再び同じメンバーで基地整理の方策を研究する有識者研究会を再発足するのである。

3 新たな日米安保体制をめざして

一九六九年一一月一九日から二一日にかけて行なわれた日米首脳会談で、沖縄が一九七二年に本土並みで返還されることが合意に至ると、返還交渉の進展をふまえて、今後の日本における米軍基地のあり方について検討するために、再び有識者による研究会が発足した。一九七〇年二月、基地研のメンバーを構成員とし、名前を安保研に改称した有識者による研究会が再編成された。座長は前身である基地研と同様、久住が務めた。安保研は、基地研として沖縄返還交渉に果たした役割を評価しながらも、日本の安全保障政策にはなお幾多の問題が残っているとして、研究会発足の趣旨を説明している。そして、「基地問題を取り上げるのだと、かなり急がねばならない」という認識のもと[53]、「基地整理の方策」を研究主題として設定し、月二回研究会を行なうこととした。

安保研が議論を急ぐ背景には、日米安保条約の改定期を目前に控えていたことが考えられる。加えて、米国ではリチャード・ニクソンが米国の国際的役割の縮小を宣言するニクソン・ドクトリンを表明していた。ニクソン政権は、国防予算を削減するとともに、世界中に展開していた米軍の再編を計画しており、その影響は在日米軍にも及ぶことが予想されていた[54]。さらに、米ソ間では戦略兵器削減交渉（SALT）が行なわれており、緊張緩和の気運があった。また、沖縄の施政権返還の実現に向けた返還協定の作成をめぐる交渉が始まっていた。安保研は発足時に、主として本土の米軍基地を研究対象としていたが、施政権返還の準備作業の進展に伴い、返還時および返還後の沖縄の米軍基地のあり方にも関心を払う必要性が生じた[55]。つまり、返還協定の作成をめぐる交渉過程の日米関係は、大きな変化のなかにあった。日本国内において、日米二国間において、そして国際情勢の変化のなかで、沖縄返還後の日米安保体制の存在意義が問われていた[56]。こうした状況を踏まえて安保研は、日米安保体制の要諦である在日米軍基地の整理の方策について研究することにした。

安保研はまず、日本政府の基地整理に向けた取り組みを把握するために、外務省、防衛庁、国防会議の関係者を招き、意見交換を行なった。

三月一四日の第二回研究会には外務省アメリカ局から東郷が出席した。東郷は、第五回SSCで日本側から申し入れた共同使用について言及し、現行の日米地位協定では一時的な共同使用は可能であるが、常時共同使用するには日米地位協定の改正が課題であるとの見解を示した。また、ニクソン政権の米軍再編計画について、軍事的な要請ではなく財政事情が優先しているとの見方を示し、「エコノミーだけで、いままであった基地が整理されるというのは、非常におかしいことだ」、「これまで無駄をしていたということになってしまう」と述べ、「アメリカの基地政策という問題を日本からみれば、日本の利益のために米軍がどのくらいいた方がいいか。あるいはどのくらいいない方がいいかということを考えるべきだ」との見解を示した[57]。

東郷は、在日米軍基地が存在する正当性を確保することが困難になることを懸念したのである。こうした東郷の懸念は、安保研も共有していた。安保研の永井陽之助東京工業大学教授は、在日米軍基地は脅威に対抗するためということで正当性を保っており、経済的な要因から縮小すれば米軍基地が存在する正当性を保つことが困難になると述べた[58]。

第三回研究会は三月二四日に行なわれ、防衛庁と防衛施設庁の関係者が出席し[59]、基地整理の進展に伴う基地従業員の解雇について問題提起した。とくに、軍工廠で働く専門的知識や技術を有する人材の解雇が問題であった。解雇された技能者を、有事に備えて維持する具体的な方策を見出せずにいた[60]。また、自衛隊の防衛力整備は、在日米軍の兵力を前提にして計画しているため、軍事戦略および戦術の観点から整理・統合や移設できない基地があり、整理できる基地に限りがあることが指摘された[61]。

四月八日の第四回研究会には、国防会議から海原治事務局長が出席し、基地整理をすすめるにあたっては、米国の戦略に左右されるのではなく、いかにして日本の政治体制を守るのかという見地に立って議論する必要があるとの持論を披瀝した。海原は、「今日の陸・海・空自というものは、教育訓練、要員養成の段階であって、戦う力として見るべきものがない」と、自衛隊の能力の低さに言及したうえで、「在日米軍四万は、アメリカが日本を防衛するという義務を履行するための人質」であるとして、自衛隊の能力を考慮しながら基地整理をすすめていくことが重要であるとの見解を示した[62]。

こうした意見交換を通して各省庁が抱える基地整理の課題が明らかになった。政府は基地整理が望ましいという認識を共有しながらも、各省庁が異なる問題を抱えていることから明らかなように、基地整理は多角的に検討する必要がある問題であった。このことをふまえて安保研は、以下の十項目を設定して基地整理の方策を検討し、一二月二八日に「米軍基地の展望」と題する報告書をまとめた[63]。

(1) 海外基地の歴史的位置
(2) 国際環境の変化
(3) 同盟の変容
(4) 米国防費の削減
(5) 軍事技術の進歩
(6) 「有事協力」戦略への移行
(7) 国内政治上の必要
(8) 国防と外交の自立
(9) 日米関係の展望
(10) 沖縄基地の縮小

これら一〇項目は、在日米軍基地の機能や目的を基地受入国である日本の視点で判断するための基本方針であるといえよう。

安保研はまず、「(1)海外基地の歴史的位置」で、冷戦期に米国が世界中に米軍を展開して海外基地網を張りめぐらせた経緯に鑑みて、沖縄を含む在日米軍基地を、核抑止の機能をもつ前進基地として位置づけた。そのうえで、「(2)国際環境の変化」では、米ソ間のSALT交渉にみられるように、「東西関係を律する主たる要因は、軍事的性格のものから政治的なものに移行する傾向が強まっている」として、「国際関係は全般的に〝冷戦終結〟から〝冷戦以後〟の新しい時代に移行」していると分析した。従って、米軍の前進基地への依存度は次第に減少することが見込まれ、国際環境の変化は、軍事同盟から政治同盟へと「(3)同盟の変容」を促すと判断した。

「(4)米国防費の削減」については、米軍を前進基地から引き上げるのに対応して、米軍はその軍事輸送能力を強化する必要があるというように米政府のジレンマが表れるものであるが、「(5)軍事技術の進歩」も相俟って、前進基地の縮小が可能になると考えた。

しかし、安保研は同時に、基地縮小の傾向について注意を喚起している。それは、核時代の国際環境においては、「平和」と「戦争」との区分が明確でなく、「戦争と平和の谷間」の状態が恒常化しているため、戦争抑止のための米軍駐留が長期にわたって要請されるということであった。そのため安保研は、前進基地がもつ抑止機能が引き続き重要であることを認めている。

しかしながら、米軍の駐留が長期化することは、同盟関係にとって政治的なマイナスをともない易いため、日米間で有事に米軍が迅速に来援するという取り決めをし、平素から受け入れ態勢の準備をすることを提案した。つまり、「(6)「有事協力」戦略へ移行」することは、外国軍隊の常時駐留のない安保関係を目指すものであり、国民の日米安保体制に対する対等性の欲求を満たし、軍事的機能への共感を得るという「(7)国内政治上の必要」にかなう。このように、「(8)国防と外交の自立」への過程として基地整理に取り組むことが重要だとした[64]。

安保研は、基地整理に向けた取り組みについて、「同盟関係を国際環境および同盟内部の力関係の変化によりよく適応させ、それを新しい、いっそう対等性のある、いっそう安定した基盤の上におこうとする調整作業の一部である」と位置づけている[65]。その背景には、一九五〇年代の冷戦構造が生み出した西側の同盟関係は転換期に入っており、日米安保体制も例外ではないという認識があった。安保研は、「一九六〇年の条約改訂によって第一次の調整を経過したが、その後の日本の力の増大によって、一九七〇年代初頭の今日においては、実質的な再調整の必要に直面している」ため[66]、基地整理に主体的に取り組むことで日米安保体制の質的変化を目指したといえよう。

こうして質的変化を遂げた「(9)日米関係の展望」について安保研は、米国の圧倒的な優位と日本の依存という考え方はもはや許されず、外交、防衛の閣僚級会議を制度化し、両国の利害を不断に調節していく努力が必要になることを指摘している。またその努力が「(10)沖縄基地の縮小」に尽くされ、沖縄県民に差別意識を抱かせることのないように本土と並行して実施すること、そして、施政権返還後の基地提供は日本政府が日米安保条約の目的に照らして必要であると判断するものに限定することが望ましいとした[67]。

以上一〇項目の検討を経た安保研は、基地整理の五つの方策を提示した。基地整理は、①米軍の常時駐留のない状態を目標とし、②本土、沖縄を含め日本全体で総合的に実施すること。また、沖縄の米軍基地の整理は施政権返還前から推進すること、③「有事協力」の戦略調整のための日米協議体制を確立し、④「有事協力」の実効性を高めるため日米地位協定を再検討すること、⑤返還後の基地の使用については地元と政府各省庁で協議を行なって実施するのが望ましいと言う結論に至ったのである[68]。同時に安保研は、日ソ、日中間の関係改善に努めることで、朝鮮半島をはじめとする周辺地域の緊張を緩和するとともに、自衛隊の機能と戦略を再検討し、返還後の基地の使用について多角的に検討するという三つの課題に主体的に取り組むよう提案した[69]。こうした提言は、沖縄返還後の安全保障について、日米安保体制を基軸としながらも、米軍基地の必要性を逓減する外交と組み合わせる視点を有するものであるといえよう。

このような安保研の提言が、返還協定にどれほど活かされることになったのかについて、つまり、安保研が政策決定に果たした役割について実証的に解明することは、安保研が政府の諮問機関ではなく、有志による有識者研究会であったという発足や活動の経緯に鑑みて、現時点では困難である。

しかしながら安保研は、日米両政府の関係機関の協力を得て沖縄の米軍基地を視察し、提言書をまとめている[70]。また、米側の専門家を招き、意見交換を行なっている[71]。こうした安保研の活動は、沖縄の米軍基地に関する諸問題の論点化を試み、日米間の合意形成を目指した取り組みであっだといえよう。

このように沖縄の米軍基地をめぐる諸問題が論点化されることは、対米交渉を担う外務省の思惑にも適うことであった。外務省は、施政権返還前に沖縄の米軍基地を削減することが望ましいと認識しながらも、日米安保体制を堅持するという立場から基地の削減を強く求めることは困難であった。したがって、外務省が安保研の活動を支援したことは、沖縄の米軍基地の固定化を回避するために連携を図っていたと理解することができよう[72]。

また、安保研が「国民の納得するような奥行きのある理論体系、そういうものを打ち立てたい」と考えていたことに鑑みれば[73]、基地整理の方策について、日常的な政策対応から「総合的安全保障政策」[71]という包括性を重視した知的枠組みの形成を試みたといえよう。

おわりに

一九六六年七月二六日に施行された基地基本法は、政府が基地問題に関与する余地を拡大した。主に、①射撃、爆撃や飛行機による障害と騒音を防止、軽減するための工事に国が補助する、②飛行場周辺で建設移転などが必要なときは国がその補償と土地の買入れをする、③これらの工事や移転などを地方公共団体などがする場合には国が融資の斡旋や国有財産の譲渡などを行うことが法文化された。

こうして基地問題は、基地を抱える自治体のみならず国が関与して解決する道筋がつけられたが、一九六七年に沖縄返還が日米間の論点として浮上すると、再び米軍基地に関する諸問題が、とりわけ沖縄の米軍基地に関する問題が注目されることになった。この問題を検討したのが基地研である。

基地研は、沖縄返還交渉に際して佐藤首相の諮問機関として発足した沖懇の下部組織であった。施政権返還の合意のための交渉で焦点になることが予想された返還時の沖縄の米軍基地のあり方について、極東の安全保障といった軍事面のみならず、沖縄と本土の政治情勢、そして世論の動向など、政治面から多角的に検討した。

施政権返還の合意のための交渉に備えて対米方針を策定する過程は、米軍基地に関する諸問題を、法整備の議論の枠から取り出して国家戦略の枠組みの中で位置づけることになった。

基地研は、沖縄返還が「安保の歴史の転換」になると認識していた。このことから、基地研の議論が、米軍基地に関する諸問題への政策対応について、返還後の安全保障という中・長期的な視野に立ってなされていたと推断するに難くない。しかしながら、約一年以内に対米交渉方針を作成するという時間の制約は、政治的にも軍事的にも大きな課題であった核兵器の配備について議論を集約させることになった。

軍事性の高い問題である核兵器について、基地研は、日米安保体制の安定化を図るための政治問題として位置づけることで、対等な立場で交渉に臨むことができると判断した。そして、「核抜き・本土並み」で、一九七二年までの返還を目指すこと、また返還前に、沖縄にある軍事基地は可能な限り整理縮小することを提案した。この提案は、佐藤首相が国会で公に表明し、日本政府の対米交渉方針となった。この後、基地研は自らの役割を終えたとして解散し、安保研と改称して同じメンバーで研究活動を続けた。

安保研は基地整理の方策を研究主題に据えた。日米安保条約の改定期を目前に控えており、安保研は議論を急いでいた。また、沖縄返還交渉は返還協定の作成をめぐる段階に至っていたため、沖縄の米軍基地の固定化を回避し、日米安保体制の軍事的機能について、国民の共感が得られるような基地整理の方策が必要であった。

日本政府の関係者と意見交換を行った安保研は、基地受入国である日本の視点で米軍基地の機能を判断するために、一〇項目の分析項目を設定し、その分析に基づいて、基地整理の五つの方策を提示した。安保研は、基地整理が日米関係のみならず、北東アジアの安定に適うよう実施されるため、自衛隊の防衛力整備のみならず、米軍基地に期待されてきた戦争を抑止するという機能が必要でない状態に日本周辺の国際環境を調整する主体的な努力、つまり緊張緩和のためのあらゆる努力が重要であるとした。こうして安保研は、沖縄返還後の安全保障について、日米安保体制と緊張緩和のための外交を組み合わせるという包括性を重視した政策の枠組みを提示した。

以上のことに鑑みて、基地整理と基地問題への対策は共に、基地研および安保研という有識者研究会が関与したことで、法整備の議論の枠から国家戦略の枠組みの中に位置づけられることになったと考えられる。また、沖縄返還は、伝統的安全保障の概念を非軍事的な要素も含めたものに拡大する機会となった。日米安保体制の新たな形を模索していた有識者研究会は、軍事手段に重きを置かない安全保障政策の枠組みの形成を試みた。こうして、日米安保体制を基軸としながらも、米軍基地の必要性を逓減するためにあらゆる努力を尽くす、「総合的安全保障政策」という知的枠組みが形成されたのである。

註

1――一九六〇年の日米安保条約の改定をめぐって、日米関係は傷ついた。安保闘争の傷跡は、岸信介首相が辞職し、池田勇人が首相になった後も癒えることは無かった。そのため池田政権は、所得倍増計画を掲げることで、それまで日米安保体制に向けられていた国民の関心を経済政策に向ける、チェンジ・オブ・ペースを図った。これにより、日米安保体制に関する諸問題が論点化することを回避したが、同時に、問題解決の機会を先送りすることになったといえよう。池田政権期の日米安保体制をめぐる議論については、鈴木宏尚『池田政権と高度成長期の日本外交』(慶應義塾大学出版会、二〇一三年)五八～五九、六一～六三、六八頁を参照。

2――沖懇のメンバーは、大濱信泉前早稲田大学総長、横田喜三郎前最高裁判所長官、林修三前内閣法制局長官、朝海浩一郎外務省顧問、鹿内信隆日本放送社長、森永貞一郎日本輸出入銀行総裁、長谷川才次時事通信社長、茅誠司前東京大学学長、大河内一男東京大学総長、武見太郎日本医師会会長、森戸辰男日本育英会会長、東畑精一アジア経済研究所名誉所長、足立正日本商工会議所会頭、福島慎太郎共同通信社長、小林与三次読売新聞副社長、軍事評論家の久住忠男『朝日新聞』一九六六年八月二四日。『朝日新聞』一九六六年八月二六日。『朝日新聞』一九六七年八月一日。

3――中島琢磨『沖縄返還と日米安保体制』(有斐閣、二〇一二年)五八～五九、七五～八三、一四二頁。

4――一九七八年に首相に就任した大平正芳は、戦略環境の変化に対応する政策について研究するため、九つのテーマを設定して政策研究会を発足させ、した。その結果、「総合安全保障」、「環太平洋構想」と呼ばれる多元的な安全保障概念が形成されることになった。大平政権期の知的枠組みの形成については、渡邉昭夫「国際政治家としての大平正芳」公文俊平・香山健一・佐藤誠三郎監修『大平正芳　政治的遺産』(大平正芳記念財団、一九九四年)を参照。一九六〇年代から一九八〇年代にかけての、日本の安全保障の概念の変遷については、河野康子「日本外交と地域主義」日本政治学会編『年報政治学　危機の日本外交――七〇年代』(一九九七年、木鐸社)、中西寛「総合安全保障論の文脈――権力政治と相互依存の交錯」同上を参照。

5――佐藤政権期の在沖・在日米軍基地をめぐる日米の外交・政治過程は我部政明『日米関係のなかの沖縄』(三一書房、一九九六年)、菅英輝「ベトナム戦争と日米安保体制」『国際政治』第一一五号(一九九七年五月)、明田川融『日米行政協定の政治史――日米地位協定研究序説』(法政大学出版局、一九九九年)、吉田真吾「米国の軍事プレゼンス縮小をめぐる日本の安全保障政策――ニクソン・ドクトリン、在日米軍基地の再編、「新防衛力整備計画」」『国際安全保障』第三五巻第二号(二〇〇七年九月)、野添文彬「沖縄米軍基地の整理縮小をめぐる日米協議――一九七〇－一九七四年」『国際安全保障』第四一巻第二号(二〇一三年九月)を参照。

6――中島琢磨は前掲書のなかで、佐藤政権期の沖縄返還をめぐる対米交渉の過程を、①沖縄の早期返還を日米両国の検討の俎上に載せるための交渉、②施政権返還の合意のための交渉、③施政権返還を法的に確定する沖縄返還協定の作成をめぐる交渉、の三段階に分けられることを指摘した。本論文は、沖縄返還が日米間の論点として浮上して以降の有識者研究会の活動と米軍基地に関する諸問題をめぐる議論の推移との因果関係を考察するにあたり、中島が指摘した②および③の区分を用いて考察する。中島、前掲書、一一～一二頁。

7――沖縄基地問題研究会の第一回から第一八回(第一六回、第一七回欠)議事録と、安全保障問題研究会の第一回から第一七回議事録および報告書を渡邉昭夫氏が所蔵。

8――『朝日新聞』一九六四年一二月二二日。『毎日新聞』一九六四年一二月二二日(夕刊)。『読売新聞』一九六四年一二月二二日(夕刊)。

9――神奈川県企画部外部渉外課「渉外関係主要都道県知事連絡協議会議事録」(一九六二年一月一二日)『昭和三七年度主要渉外関係都道県知事会議綴(三)』(神奈川県立公文書館、請求記号 30-12-1-712、資料ＩＤ 1199415462)［以下、「請求記号」「資料ＩＤ」の表記は省略する］。

10――神奈川県企画部外部渉外課「渉外関係主要都道府県知事連絡協議会常任幹事会の開催について(報告)」(一九

六二年五月一四日)『昭和三七年度主要渉外関係都道県知事会議綴(三)』(神奈川県立公文書館、30-12-1-712、1199415462)。

11——『朝日新聞』一九六四年一二月二二日(夕刊)。『毎日新聞』一九六四年一二月二二日(夕刊)。

12——『朝日新聞』一九六五年一二月一日。

13——『朝日新聞』一九六五年九月二八日。『毎日新聞』一九六五年九月二八日。『読売新聞』一九六五年九月二八日。『朝日新聞』一九六五年一〇月七日。

14——『読売新聞』一九六五年一〇月二日。『読売新聞』一九六五年九月三〇日(夕刊)。『朝日新聞』一九六五年一〇月四日。

15——『朝日新聞』一九六五年一〇月七日

16——『毎日新聞』一九六五年二月二〇日。『朝日新聞』一九六五年八月一八日。『毎日新聞』一九六五年一〇月二三日。

17——丸茂雄一『叢書　日本の安全保障　第七巻　概説　基地行政法——基地行政のデュー・プロセス』(内外出版、二〇〇九年)二九五〜二九七頁。

18——『第四九回衆議院外務委員会』第一号(一九六五年七月三一日)国会議事録検索システム〈http://kokkai.ndl.go.jp/〉より検索可能。『第五一回衆議院科学技術振興対策特別委員会』第二四号(一九六六年六月九日)。『第五五回衆議院予算委員会』第9号(一九六七年三月二九日)。『第五八回参議院沖縄及び北方問題に関する特別委員会』第四号(一九六八年二月二八日)。『第五八回参議院沖縄及び北方問題に関する特別委員会』第六号(一九六八年三月一五日)。

19——『朝日新聞』一九六八年二月一三日。『読売新聞』一九六八年二月一三日。

20——B52墜落事故を受けて沖縄現地の政党や労働組合、民間団体等によって発足された超党派の住民組織については、平良好利『戦後沖縄と米軍基地——「受容」と「拒絶」のはざまで　一九四五〜一九七二年』(法政大学出版局、二〇一二年)二五二〜二五三頁が詳しい。

21——『朝日新聞』一九六八年一一月一九日。『朝日新聞』一九六八年一一月二〇日。『読売新聞』一九六八年一一月二〇日。『毎日新聞』一九六八年一一月二二日。

22——安全保障問題研究会「議事録(第三回)」(一九七〇年三月二四日)一〜三頁。

23——A-2080, Tokyo to Department of State, "Discussion of Bases at Security Sub-Committee Meeting," October 1, 1968、石井修、我部政明、宮里政玄監修『アメリカ合衆国対日政策文書集成　第XII期　日米外交防衛問題一九六八年』(柏書房、二〇〇三年)〔以下、『集成XII』と略記〕第七巻、一一五〜一四五頁。

24——日米地位協定第二条第四項（b）は、「合衆国軍隊が一定の期間を限って使用すべき施設及び区域に関しては、合同委員会は、当該施設及び区域に関する協定中に、適用があるこの協定の規定の範囲を明記しなければならない」と記されており、「合衆国軍隊が一定の期間を限って使用すべき施設及び区域」という部分が共同使用の根拠であると考えられる。外務省ホームページを参照〈http://www.mofa.go.jp/mofaj/area/usa/sfa/kyoutei/pdfs/02.pdf〉二〇一三年七月三日アクセス。

25——外務省アメリカ局長「基地問題に関する次官発言案（九月安保協議用）」一九六八年八月一九日（外交史料館、H22-001、0120-2001-02631）。外務省アメリカ局「在日米軍基地をめぐる諸問題（1稿）」一九六八年八月（外交史料館、H22-001、0120-2001-02631）。

26——A-2080, Tokyo to Department of State, "Discussion of Bases at Security Sub-Committee Meeting," October 1, 1968,『集成XII』第七巻、一一五～一四五頁。

27——同上。

28——Embtel 6040, Tokyo to Secretary of State, "SCC Meeting: GOJ Views on Joint Use," July 24, 1969, 石井修、我部政明、宮里政玄監修『アメリカ合衆国対日政策文書集成　第XIII期　日米外交防衛問題一九六九年』（柏書房、二〇〇三年）［以下、『集成XIII』と略記］第七巻、一九〇～一九一頁。

29——『朝日新聞』一九六八年八月三〇日。

30——『朝日新聞』一九六八年七月一七日。

31——『朝日新聞』一九六五年三月九日（夕刊）。『朝日新聞』一九六六年五月四日。

32——『朝日新聞』一九六五年四月一〇日、『毎日新聞』一九六五年四月一〇日、『読売新聞』一九六五年四月一〇日。

33——U・アレクシス・ジョンソン『ジョンソン米大使の日本回想——二・二六事件から沖縄返還、ニクソンショックまで』増田弘訳（草思社、一九八九年）二〇六～二〇七頁。

34——「沖縄基地問題研究会（第一回）議事要録」（一九六八年二月一七日）。

35——楠田實『楠田實日記——佐藤栄作総理首席秘書官の二〇〇〇日』和田純・五百旗頭真編（中央公論新社、二〇〇一年）一九六七年八月一五日の項、七二頁。

36——「沖縄基地問題研究会（第二回）議事要録」（一九六八年三月二七日）一一頁。

37——同上、一二～一三頁。

38——日米安保条約第六条は、米軍が日本の安全と極東の平和のために日本において施設及び区域を使用することを認めると同時に、その地位を日米地位協定によって規律することを定めている。すなわち、沖縄への日米安保条約の適用は、在沖米軍の活動や基地使用が日米地位協定により制約されることを意味していた。外務省ホームページ「日本国とアメリカ合衆国との間の相互協力及び安全保障条約」第六条〈http://www.mofa.go.jp/mofaj/area/usa/hosho/jyoyaku.html〉二〇一六年二月一七日アクセス。

39——「沖縄基地問題研究会（第三回）議事要録」（一九六八年四月一八日）一一頁。

40——「沖縄基地問題研究会（第五回）議事要録」（一九六八年六月一四日）三～四頁。

41——同上、一三頁。

42——中島琢磨「佐藤政権期の日米安全保障関係——沖縄と「自由世界」における日本の責任分担問題（吉田路線の再検証）」『国際政治』第一五一号（二〇〇八年三月）一〇八頁。

43——「沖縄基地問題研究会（第五回）議事要録」（一九六八年六月一四日）七頁、一〇頁。

44——日米京都会議実行委員会編『日米京都会議・報告』（日米京都会議実行委員会、一九六九年）。

45——同上、二〇頁。

46——中島、前掲書、一四二頁。

47——「沖縄基地問題研究会（第一八回）議事要録」（一九六九年二月八日）二頁。

48——「沖縄基地問題研究会（第一〇回）議事要録」（一九六八年一〇月一一日）一三頁。

49——沖縄基地問題研究会「沖縄基地問題研究会報告」（一九六九年三月八日）：安全保障問題研究会『安全保障問題研究会報告集』（一九七二年一〇月）九頁。

50——同上、一八頁。

51——「沖縄基地問題研究会（第一八回）議事要録」（一九六九年二月八日）四～五頁。

52——楠田『楠田實日記』一九六九年三月一〇日の項、三一二頁。保利茂『戦後政治の覚書』（毎日新聞社、一九七五年）一二〇～一二一頁。

53——安全保障問題研究会「議事録（第一回）」（一九七〇年二月二一日）八頁。

54——Richard Nixon, *First Annual Report to the Congress on United States Foreign Policy for the 1970's*, February 18, 1970 <http://www.presidency.ucsb.edu/ws/index.php?pid=2835&st=&st1=>, accessed on December 8, 2015. Department of Defense,

Defense Program and Budget FY1971, February 20, 1970 <http://history.defense.gov/Portals/70/Documents/annual_reports/1971_DoD_AR.pdf>, accessed on December 8, 2015. 安全保障問題研究会「議事録（第二回）」（一九七〇年三月一四日）二～三頁。

55 安全保障問題研究会「米軍基地問題の展望」（一九七〇年一二月二八日）『安全保障問題研究会報告集』（一九七二年一〇月）三二頁。

56 安保研は発足当初、日米安保体制を研究主題とすることを検討していた。しかし、「安保体制の問題は念頭に置く必要はあるが、テーマとしては政治的課題であって、ここでは適当ではない」という理由から、日本側でイニシアティブをとるべき「基地整理の方策」を研究主題にすることが決まった。安全保障問題研究会「議事録（第一回）」（一九七〇年二月二一日）七頁。

57 安全保障問題研究会「議事録（第二回）」（一九七〇年三月一四日）二～三頁、七頁、一八頁。

58 同上、一六～一七頁。

59 防衛庁および防衛施設庁関係者の特定には至らなかったため、今後の課題としたい。

60 安全保障問題研究会「議事録（第三回）」（一九七〇年三月二四日）二～四頁、六頁。

61 同上、八～九頁、一一頁。

62 安全保障問題研究会「議事録（第四回）」（一九七〇年四月八日）一四～一五頁、一八～一九頁。

63 安全保障問題研究会「米軍基地問題の展望」（一九七〇年一二月二八日）安全保障問題研究会『安全保障問題研究会報告集』（一九七二年一〇月）三二～四五頁。

64 同上、三三～四一頁。

65 同上、三三頁。

66 同上。

67 同上、四一～四三頁。

68 同上、三四～三五頁。

69 同上、四三～四五頁。

70 安全保障問題研究会「沖縄基地視察にもとづく返還交渉への提言」（一九七〇年一〇月一七日）『安全保障問題研究会報告集』（一九七二年一〇月）二九～三一頁。

71――米国のＩＤＡ所属のジョセフ・イェーガーを招き、ニクソン政権の米軍再編と基地整理の展望について意見交換を行なった。安保研議事録第八回によれば、イェーガーの所属はＩＤＡとされているが、ＩＤＡが政府機関またはシンクタンクなのか所属先の肩書きを示すものか定かではない。しかし、イェーガーの来日は、国務省で沖縄返還に携わるスナイダーが手配した。安全保障問題研究会「議事録（第八回）」（一九七〇年六月二七日）一頁、「議事録（第一五回）」（一九七〇年一一月一一日）一～二頁、「議事録（第一六回）」（一九七〇年一二月一二日）一～二七頁。

72――安保研と外務省の連携について、実証的な解明は今後の研究課題としたい。

73――安全保障問題研究会「議事録（第四回）」（一九七〇年四月八日）二一頁。

74――安全保障問題研究会は、日米関係のみならず日ソ、日中関係について利害調整を行い、米軍基地に期待されてきた機能が必要でない状態に日本周辺の国際環境を主体的に調整する緊張緩和のためのあらゆる努力を「総合的安全保障政策」としている。この「総合的安全保障政策」には日本国内にある米軍基地の必要性を逓減する努力も含まれる。安全保障問題研究会「米軍基地の展望」『安全保障問題研究会報告集』（一九七二年一〇月）四三～四四頁。

第3章

防衛官僚・久保卓也とその安全保障構想

――その先見性と背景

真田尚剛
SANADA Naotaka

はじめに

戦後日本の安全保障政策を論じる上で、久保卓也ほど多く取り上げられてきた防衛官僚はいない。一九二一年に生を受けた久保は、旧内務官僚として警察庁と防衛庁を行き来し、一九七〇年代前半に防衛庁防衛局長や防衛施設庁長官を歴任したあと、一九七五年七月から一九七六年七月まで防衛事務次官を務め、一九八〇年に五八年の生涯を閉じた（七八〜七九頁の年表を参照）[1]。

久保に関心が払われてきたのは、彼が戦後安全保障政策の重要なテーマである「防衛計画の大綱」（以下、防衛大綱）策定と日米安全保障体制（以下、日米安保体制）をめぐる議論に大きな影響を与えたためである。

久保は、一九七一年から一九七四年にかけて「KB個人論文」と冠した匿名論文を防衛庁内で数度にわたって配布し、一次防（一九五七年に閣議了解）以来続く防衛力整備計画（年次防）からの転換を唱えた［2］。一九七六年一〇月に閣議決定した初めての防衛大綱やその際に採用された基盤的防衛力構想は、低い脅威認識に基づく情勢判断、防衛力整備目標の引き下げ、有事の際に防衛力を急速増強させるエキスパンド条項に特徴があった。また、それまでの年次防は脅威に対抗する考え方、いわゆる脅威対抗論に基づいていたが、基盤的防衛力構想は脅威を前提としない「脱脅威論」とも解釈される。防衛大綱に取り入れられたこれらは、いずれも久保による構想がもとになったと理解され、注目を集めてきた［3］。

一方、彼が日米安全保障条約（以下、日米安保条約）について論じた一九七二年の論文「日米安保条約を見直す」は、日米両国の視点から同条約の長所と短所を分析した上で、軍事的機能のみならず政治的経済的側面も重視すべきと主張し、在日米軍の有事駐留方式への移行にも言及した［4］。政府関係者が日米安保条約を所与の前提とせずに白紙状態から考察し、それを公表した例はなかったため、その波紋は各方面へ広がった［5］。国会では発表翌日から取り上げられ、外務省でも同論文を契機として外務事務次官の法眼晋作《ほうげんしんさく》を中心に日米安保体制の総合的検討が進められたという［6］。

このように久保が既存の政策に一石を投じた背景には、一九七〇年代前半に生起した安全保障政策を取り巻く環境の変化があったとされる。それは、防衛力に限界を設けるべきとする「防衛力の限界」論、二度のニクソン・ショックによって高まった反米感情、米中和解や日中国交化による緊張緩和、第一次石油危機などに起因する経済情勢の著しい悪化である［7］。彼は、一九七〇年代前半の新たな状況に応えようとし、問題を投げかけ、自ら構想を作り上げたというわけである。

久保は、防衛力整備計画と日米安保体制以外にも目を向け、国防会議（のちの安全保障会議）事務局長時代には国家安全保障会議の創設を提言した［8］。また、「安全保障というのは広い分野で、軍事力、防衛力はその中の一分野でしかないのですが、どうしても皆さんの関心が、防衛力、軍事力に行って、ほかの方に行かなかった」［9］と語るように、彼は安全保障を幅広い領域と捉えていた。個別の構想に関する研究が蓄積しつつある上、久保が安全保障の見地に立脚していたことを踏まえると、彼の構想の全体像と一貫した関心にも注意が払われるべきであろう。

一九六〇年代早々から久保は、従来の防衛政策について再考を求め、エキスパンド論も唱えていたという[10]。一九七〇年代の構想はこの延長であったともいえ、また自他ともに認める「理論好き」[11]という性格から、彼は比較的早い段階で既存の政策に内在する問題を認識していたと考えられる。だが、一九六〇年代における久保の考えについては史料上の制約からあまり解明されていない上、そもそも防衛局長就任以前の彼に関してはほとんど触れられてこなかった。若手時代が人の思想形成に大きな影響を与えると考えるならば、一九六〇年代以前の彼の行動と環境についても論じる必要がある。

本章は、従来注目されてきた一九七〇年代の防衛政策と日米安保体制よりも時間軸と領域を広げ、久保による安全保障構想とその背景を明らかにし、また研究の空白を埋めることを目的とするものである[12]。その際には、彼の「理論家」としての側面、国民的理解の重視、情勢判断と時代認識に着目する。第一節では、久保の青年期と警察官僚時代の歩みをたどり、彼の性格形成とのちの構想との関連性を解き明かす。第二節では、防衛官僚として彼が唱えた防衛政策と日米安保体制の新しいありかたについて論じる。第三節では、脅威の低減と国際平和への貢献をも視野に入れた広義の安全保障論を取り上げる。

年	月	主要事項	久保関連事項
1960	8		防衛庁防衛局第一課長
1961	7	二次防決定	
1964	4		福島県警察本部長
1965	11		国防会議事務局参事官
1966	2		論文「防衛力整備に関する考え方について」
	11	三次防「大綱」決定	
1968	5		警察庁官房審議官
1969	4		警察庁交通局長
1970	10	新防衛力整備計画概要発表	
	11		防衛庁防衛局長
1971	2		**論文「防衛力整備の考え方」**
	4	新防衛力整備計画原案発表	
	7	ニクソン・ショック(米中和解)	
	8	ニクソン・ショック(ドル防衛)	
1972	2	四次防「大綱」決定	
	6		論文「日米安保条約を見直す」
	9	日中国交正常化	**論文「平和時の防衛力」**
1974	6		**論文「我が国の防衛構想と防衛力整備の考え方」**
	7		防衛施設庁長官
1975	7		防衛事務次官(1976年7月退官)
1976	10	防衛大綱決定	
	12		国防会議事務局長(1978年11月退官)
1978	12		平和・安全保障研究所常務理事
1979	12	ソ連のアフガニスタン侵攻	
1980	12		死去

※太字の論文は、1970年代前半に執筆されたKB個人論文。

久保卓也関連年表

年	月	主要事項	久保関連事項
1921	12		兵庫県で出生(父・健蔵、母・婦佐子)
1934	4		私立灘中学校入学
1938	3		私立灘中学校四年修了
	4	国家総動員法公布	第三高等学校文科乙類入学
1941	3		第三高等学校卒業
	4		東京帝国大学法学部政治学科入学
	12	日米開戦	
1943	7		高等文官試験行政科合格
	9		東京帝国大学卒業/内務省入省
	10		海軍経理学校入校
1944	3		海軍軍令部勤務
1945	8	終戦	
	9		復員(海軍主計大尉)
	10		長崎県文書課長
1946	3		大分県警察部教養課長
1947	1		熊本県警察部警務課長
	6		内務省調査局事務官
1948	3		国家地方警察本部会計課
1950	7	警察予備隊の創設命令	
	12		国家地方警察神奈川県本部警備部長
1952	5	血のメーデー事件	
	9	制度調査委員会設置	保安庁保安局部員
	10	保安隊創設	
1953	12		保安研修所研修
1954	7	自衛隊発足	
1955	7		警視庁警備課長
1956	10	砂川で地元民らと警官隊が衝突	
1957	6	一次防決定	
	10		警視庁第一方面本部長
1958	4		兵庫県警察本部警務部長
1960	4		防衛庁教育局教育課長

1 思想的背景

「理論家」久保卓也の誕生

一九二一年一二月三一日、久保卓也は父・健蔵と母・婦佐子の間に長男として兵庫県武庫郡西灘村（現・神戸市灘区）で産声を上げた[13]。熊本県出身の健蔵は、新聞記者などを経て、現在の神戸市にて貿易関係の新聞を個人で発行していた。婦佐子は夭折《ようせつ》し、久保は幼少時から義理の母であるつるによって実の母親以上の愛情を注がれ育った[14]。このような両親のもとで久保は、新聞の原稿集めや編集などで父の仕事を手伝いながら、全国有数の名門校である私立灘中学校在学中からすでに猛烈な勉強家だった。英語辞典の単語を完全に習得した上、首席だったという彼は、同中学校を飛び級によって四年で卒業（以下、四修）し、一九三八年四月に第三高等学校（以下、三高）文科乙類に一六歳で入学した[15]。同年の全国における高等学校進学者のうち、四修の者は一六・五パーセントであり、高等学校合格者の最年少者は一五歳一カ月だった[16]。一六歳での四修による三高入学は、彼の俊秀ぶりを物語っている。

当時、一九三七年七月の盧溝橋事件に端を発した中国大陸での戦線は拡大し続けており、久保が三高へ進んだ同じ月には国家総動員法が公布され、重苦しい空気が日本を覆った。しかし、三高では、伝統の「自由」の精神が尊重され、生徒の行動や思想は各人の自立と責任にゆだねられており、久保が一年生の時には、時勢に危機感を覚えた生徒らが「自由」を守るための組織「生徒総代会」を発足させた[17]。久保は、感受性豊かな青年期を三高のリベラルな空間で過ごせたといえる。

だが、戦争の足音は確実に近づいていた。彼が三高を卒業する数カ月前に生徒総代会は解散となり、東京帝国大学法学部政治学科へ入学したのは日米開戦が目前に迫った一九四一年四月だった。一九四三年七月に高等文官試験（高文）行政科に合格した久保は、大学卒業後の同年九月、内務省に入省した[18]。同期の「（昭和）一八年組」には、栗栖《くりす》弘臣（のちの統合幕僚会議議長、以下同じ）、土田國保（警視総監・防衛大学校長）、富田朝彦（警視庁副総監・宮内庁長官）、山本鎮彦《しずひこ》（警察庁長官）らがいた[19]。久保は、内務官僚となったものの、同省での実質的な勤務はせずに同期の土田らと短期現役士官、いわゆる短現として海軍経理学校に入校し、海軍将校としての道を歩むことになる。

後年の久保の思想と行動を踏まえると、海軍軍令部勤務が大きな転機となったといえる。久保は、海軍経理学校を経て、のちに駐韓国大使となる御巫《みかなぎ》清尚《きよなお》らとともに一九四四年初め、軍令部第三部第五課に着任した[20]。同課は情報担当の第三部において米大陸を専門とする部署であり、課長の竹内馨大佐のもと、実松譲、與倉三四三、今井信彦が部員として在籍していた。課内の雰囲気は、竹内らが米国留学を経験した「親米派」だったことからもリベラルであり、情報の収集と分析という任務の性質上、発言が自由で学究的だった。久保は、與倉を直属の上官とし、米国の航空機兵力と作戦経過に関する情報を担当した。ドイツ降伏後に下り坂に入った米国の航空機生産について、作戦担当の軍令部第一部は生産力低下を原因としたのに対し、久保は米国が対日勝利を見据えて民需転換を図り始めたと推論した。彼は、常に米国の情報に触れていたため、日本の戦況悪化を正確に捉えており、一九四五年八月にソ連が日ソ中立条約を破って参戦した際も、当然起こり得ることだと冷静な態度を崩さなかったという。

他方、戦後に自衛隊最高幹部や防衛官僚、警察官僚となる多くの者は、部隊勤務だった。内務省に同期入省した栗栖は南方戦線に配属され、土田は空母雲鷹《うんよう》などに乗艦し、死線を彷徨する極限状態に放り込まれた。防衛大綱策定時に防衛庁にて官房長を務める玉木清司や防衛局長の伊藤圭一は、「一八年組」の彼らよりも若い年次であり、学業の途中、学徒出陣によって出征した。久保より一足早い一九三九年に内務省へ入省した「（昭和）一四年組」で、警察予備隊創設に関与することになる海原治《かいはらおさむ》と後藤田正晴は、陸軍の部隊で終戦を迎えた。

のちに防衛庁にて防衛局長や官房長などを歴任した海原は、その辣腕ぶりから「海原天皇」との異名をとり、久保と並んで注目を集める官僚となった[21]。だが、政策を遂行する上での彼の態度は、久保と大きく異なった。海原は、国際情勢とは無関係に国土を守るための必要最小限の防衛力を整備すべきとの考えであり、そこから外れる意見に対しては厳しい批判を加えた。防衛力の意義付けではなく自衛隊の管理に関心を払い、創造力よりも「批判精神」に富んだ海原の姿勢は、旧軍での経験にその起点があった[22]。

海原らと異なり、戦時中の久保は、部隊ではなく軍令部に所属し、しかも戦場に比較的近いといえる第一部や軍備担当の第二部ではなく、第三部にて米国の新聞やラジオ、雑誌などに基づく情報分析に勤しんだ[23]。一歩離れたところから状況を俯瞰し、様々な情報のなかから分析対象の動向を掴もうとする作業では、論理的明晰と考証とが尊ばれる。「理論好き」という久保の特性は、このような環境のもとで練磨されたといえる。

国民的理解と国内治安

終戦後、内務省に復帰した久保は、一九四六年三月に大分県警察部教養課長となる。当時は占領政策の一環として「民主化」が推し進められており、その筆頭に挙げられた組織が警察だった。警察理念のありかたをめぐって手さぐり状態が続くなか、大分県警察部では民主警察の基礎として教養体制が整えられ始め、警察書類の平易化のほか、久保を発行者とする警察教養機関誌が復刊した[24]。大分県警察部での久保は、「警察民主化の精神」との論考を機関誌に寄せたのみならず、民主警察のありかたに関する小冊子を自ら作成して部内で配布した[25]。占領期の早い時期から、「学究肌」の彼は、警察行政と民主政治の関係に着目していた。

一九五五年七月から警視庁警備課長に就いた久保は、同年春過ぎから本格化した砂川事件に対応する警備責任者となった。同事件は、米国からの要請に基づく立川飛行場の拡張問題に端を発し、その予定地であった砂川町にて「町ぐるみ」の反対運動が繰り広げられ、その運動には社会党や労働組合も参加した。土地収用のための測量調査実施をめぐって、一九五六年一〇月一三日に警官隊と地元民らが衝突した結果、負傷者千人以上を出し、「流血の砂川」と呼ばれるまでになった。

衝突翌日の新聞には「〝暴徒〟のような警官隊」や「スクラムに警棒の雨」との見出しが躍り、違法行為があれば国会議員も特別扱いしないと言明して事件対処に当たった久保については、彼の行動によって対立が激化したと一部で指摘された[26]。多くの国民に警察が強権的と思われたことは、民主警察の確立を目指す久保にとって、衝撃的だっただろう。一方、強い批判を受けた警察の内部では暗澹たる空気が流れ、負傷した警察官のなかには同事件によって人生観が変わったと自殺する者まであらわれた[27]。砂川事件は、世論の厳しさと警察官の士気低下という二つの問題を久保に投げかけた。

久保は、雑誌『文藝春秋』に「警官にも言わせてほしい」との論考を寄せ、事態打開のために動いた。そこで、彼は、警察の出動経緯や地元の抵抗、警察官による暴行の有無について詳細に説明した上で、最後に「新聞、雑誌は、砂川事件の実相を十分に述べていないように思われるので、この際我々の主張は主張として聞いて頂き、我々に現在判明している範囲の実相を伝え、その上で公平且つ冷静な批判を仰ぎたい。我々はもとより民主警察の確立をこそ念願としている」と締めくくった[28]。

事件のあらましを巧緻な筆致で描き、警察側の苦悩を切々と説いたことは、一方的に非難を浴びた多くの警察官に勇気を与えた。それと同時に、同論考からは、行政側が国民に説明を尽くし、理解を得ようとする姿が読み取れる。低姿勢でありながらも事実関係の説示に努めようとする久保の行動は、国民感情を峻拒して黙殺するのではなく、感情として受け止めた上で、その緩和に力を注ぐものだった。

他方で、警察官僚である久保は、革命や間接侵略の可能性さえあった治安問題を懸念していた。戦争終結直後から国内の治安は、目まぐるしい政変、戦災による生産力の激減、食糧の欠乏、インフレの高進を背景に混乱を極めた。日本共産党は暴力革命の方針を掲げ、在日外国人による暴力的不法行為も活発化し、二・一ゼネストや血のメーデー事件、阪神教育事件をはじめとする騒乱事件に加え、警察署や警察官が襲撃される事件も相次いだ[29]。

大分県警察部などでの勤務を経た久保は、公安調査庁の前身である内務省調査局にて事務官を務め、一九五〇年一二月からは国家地方警察(以下、国警)神奈川県本部警備部長に任じられた。治安情勢の悪化は全国的な広りをみせており、神奈川県もその例外ではなく、数百人の在日朝鮮人が横浜市警察本部に押し寄せた神奈川朝鮮人学校事件、無届デモや警察官への火炎瓶投擲が起こったアジア民族親善の夕べ事件などが発生した[30]。これらの事件を直接担当したのはあくまでも横浜市警察だったが、国警神奈川県本部にて警備部門の最高責任者である久保も深くかかわった。彼は警備部長として在日朝鮮人による事件に対応し、国警神奈川県本部が横浜市警察に応援を差し向けることもあった[31]。後年、最も間接侵略のおそれがあったのは一九四五年から一九五四年までの昭和二〇年代と回想したように、久保は当時の治安情勢を深刻に捉えていた[32]。そして、彼はその主因を国内における政治的、経済的、社会的な混乱と不安にあると考えており、後述するように、この認識は久保の安全保障観の一部を形成した。

一方、着上陸侵攻などの直接的な軍事脅威に関しては、あまり危機感を抱いていなかった。一九五二年九月に保安庁保安局(のちの防衛庁防衛局、以下同じ)部員に就いた久保は、一九五三年一二月から保安研修所(防衛研究所)第一期一般課程に入り、約半年間、実務から離れた。研修課程の課題では、ソ連=フィンランド戦争での領土獲得やバルト三国併合、第二次世界大戦での領土拡張という当時、議論の的となっていたソ連の対外政策について取り上げ、それらを安全保障圏設定の行動と分析した上で、帝国主義的膨張主義と区別すべきと結論付けたという[33]。彼のソ連観は厳しいものではなく、日本が本格的に侵攻される可能性を低く見積もっており、次節で明らかにするように、それは対中認識とも共通した。久保は、直接侵略よりも国内治安の悪化、そしてそれに乗じた間接侵略の方を現実的な脅威と考えていた。

2 安全保障政策の再考

防衛政策のありかた

久保卓也が安全保障政策に直接関与し始めたのは、一九五二年九月に保安庁保安局部員に就いてからである。保安局での久保は、国家公安委員会との協定や治安出動の訓令などをまとめる一方、制度調査委員会事務局にも所属した[34]。制度調査委員会とは、彼の保安庁配属と同じ月、長期的な防衛力整備計画の研究を目的として同庁内に設置された組織であり、そこで検討された計画案は一次防へとつながっていく。

制度調査委員会の事務局長的立場であり、保安庁調査課長だった内海倫《ひとし》は、整備計画の策定は戦後初めてだったことから、「〝頭で考え、考え抜く〟以外に方法がなかった」と振り返った上で、「久保君はまさにその〝頭〟だった」と回想する[35]。また、制度調査委員会での基礎研究では、現存する脅威や切迫度などが検討され、のちの年次防策定時には行なわれなかったような幅広い諸問題が議論された[36]。白紙状態から思索を重ねた経験は、既存の政策を無自覚的に踏襲しないというその後の久保の柔軟な発想に活かされたといえる。

保安庁での久保は、「口癖のように、〝国防の基本理念〟を考えなければならない」と語っていたほか、すべての防衛力を完全な編成とすることは不必要との意見も交わしたという[37]。防衛局第一課長の時代には、従来の長期防衛力整備計画の必要性についても疑問を呈し、エキスパンド論も唱えた[38]。これらは一九七〇年代のKB個人論文での主張と同じといえ、この時期からすでにその片鱗を垣間見せていた。

久保の防衛政策に関する構想の原型が形成されたのは一九六〇年代中頃に務めた国防会議事務局参事官の時期

だったと考えられ、久保は「勉強の基礎というものはそのときにできた」[39]と述懐する。国防会議とは防衛力整備計画案などを審議する機関であり、その事務局は防衛庁や外務省からの出向者で構成された。彼は、すでに防衛局第一課長を経験した防衛政策の玄人であり、防衛庁での業務計画作成という技術的作業から解放され、その分の時間と労力を首相や官房長官のブレーンとしての役割に振り向け、また防衛や軍事よりも広い領域である安全保障の観点から政策にかかわった。防衛局第一課長時代は旧来の防衛政策のありかたに疑問を感じつつも、上司である防衛局長の海原治は新たな課題に取り組むことに消極的だった。国防会議事務局参事官となった久保は、わずらわしい実務や冷淡な態度の海原から離れ、活発に問題提起をする[40]。

そこで注目すべきは、三次防策定にあたり、久保が執筆したと考えられる一九六六年二月の論文「防衛力整備に関する考え方について」である。この論文は、まず、国民の理解や共感について、人員や装備の増強よりも重要と位置付けた上で、整備目標の提示だけでは得られないと指摘し、本来の目標と達成すべき防衛力の規模、対処事態などの説明が欠かせないと論じた[41]。それまでの一次防と二次防は計画期間内の整備目標のみを掲げ、その目標の根拠となる情勢判断や防衛力の意義などは一九七六年の防衛大綱で初めて包括的に示された。彼は、国民的理解の獲得のため、三次防策定時からその必要性を力説していた。

同様に、久保は所要防衛力の目標についても再考の余地があるとした。彼は、従来の整備目標の達成に関して、財政的要因から現実的ではなく、また一〇年以上の期間を要すると批判し、あらゆる脅威に備えるよりも重点化を図り、不足分は日米安保体制によって補完すべきとした[42]。これはのちの防衛力整備目標の引き下げに通底する主張であり、「防衛力の限界」論や第一次石油危機が起こる一九七〇年代前半に先駆けて説かれていた。そして、この議論の背景には、次のような脅威認識も関係した。

久保は、「三次防に当たつ《ママ》ては、対外的条件よりも国内的条件の方を重視」[43]すべきと明言したものの、国際情勢を度外視したわけではない。日本に対する脅威について、彼は以下のように論じた。日本は、①紛争地域をめぐる戦争の波及、②間接侵略などの民族解放戦争という二種類を想定すべきである。朝鮮半島などでの有事を指す①の「紛争地域をめぐる戦争」では、非当事者である日本への全面的な攻撃は考えられないが、在日米軍基地の存在によってそれらの戦争が限定的に波及する可能性はある。ソ連と中国による膨張主義的侵略は考えにくい一方、②「間接侵略などの民族解放戦争」は起こり得るため、日本は民生の安定と国内治安能力の強化に努めなければならない[44]。彼は、このような「脅威の見透しからは、防衛力について国民の過半数が共感をもつようにならなければ、防衛力の大巾な増強を策すべきでは」ないと考えたのである[45]。

そして、想定以上の戦争、つまり「万一の場合の大規模な戦争に備えるためには、それに必要な兵力の質と量とを逐次整備して行くのではなく、進歩発展しつつある近代的な兵器体系、運用体系」を「常に世界の最新のものに遅れないように努め、万一の場合に急膨脹《ママ》に応ずる体制をとりうるという考え方をとるべき」と久保は唱えた[46]。これは、防衛力整備の重点を「量」から「質」へと転換させ、有事の際に防衛力の急速拡大、すなわちエキスパンド可能な体制をあらかじめ整えておくとの主張である。

同論文での考えは、一九七〇年代前半の脱脅威論へと昇華された。防衛局長となった久保は、一九七一年六月の講演において、自衛隊幹部らが説明するような脅威の見方は「国民の方にはなかなか受け取り」がたく、「脅威と防衛力整備計画とをすぐに結びつけるということが、非常にむずかしかった」点を踏まえ、四次防では「差し迫った軍事的脅威はない」と「説明をすべきであろう」と語った[47]。翌年一月の雑誌では、従来の脅威対抗論は「金と時間がかかる」考え方であるため、「私のいまの問題は、そういった思想でない防衛力の持ち方があるとするならば、どういう持ち方がよいかということ」と述べた[48]。そして、同年九月のKB個人論文は「軍事能力に直接対応させることなく、その限度のある防衛力に意義を与えることによつ《ママ》て、格別潜在的脅威の存在を論ずる必要なからしめる方が国民の共感を得易い」[49]という脱脅威論を提示した。久保は、国民が軍事的脅威を感じない上、予算不足などによって所要防衛力の達成が難しいことから、周辺国の軍事能力を前提としない思想に基づく整備目標の引き下げが必要と認識し、模索した結果、脱脅威論を生み出したといえる。

新しい時代の日米安保条約

久保は、日米安保条約の軍事色を薄めようとし、日米防衛協力に対しても後向きだったとされる[50]。彼は、一九七二年の論文「日米安保条約を見直す」において、日米安保条約の「政治、経済的側面を重視する必要が生じており、いわばこのような平時的意義をさらに拡大し、活用していく必要がある」と述べた。また、同論文は、来援可能な基盤や通信などの緊密な連絡体制という平時における準備の必要性を指摘したものの、有事における米軍来援の取り決めについては「制服幕僚の研究としてはともかく、政治的問題としては実はあまり重要ではない」と明言し、在日米軍の有事駐留論にも言及した[51]。それゆえ、久保の姿勢を日米安保体制の強化に消極的と論じることも可能であろう。

しかし、そこには反基地運動などによって高まった日米安保不要論に対する正当化の論理があった[52]。久保は、論文「日米安保条約を見直す」の発表直後の対談にて、有事即応化した在日米軍ではさらに大規模な部隊となる可能性もあり、それは国民感情に反すると述べ、その感情と合致しないことは逆に基地機能を減殺させ、日米安保条約の不健全化につながると指摘した。そして、在日米軍の機能が「仮りに軍事技術的には何割かの効率ダウンがあろうとも〔中略〕国民に受け入れられて日米安保体制というものが有用に働きうる素地をつくった方が」有益と論じた[53]。久保は、国民感情を踏まえ、日米安保擁護の論陣を張ったのである。

一九七二年当時、二度のニクソン・ショックと繊維摩擦という政治と経済に関する問題によって、日米間では軋轢が生じており、久保はこれらが日米安保体制に与える影響を憂慮していた。彼は、最も懸念することとして日米安保体制の空洞化を挙げ、両国間における経済問題の緊張が「どのような形で日米安保体制に響いてくるのか」と述べた[54]。そして、久保は「日米間の難しい問題はだんだん出てきている」とし、軍事面も「強くしてゆかなきゃいけないだろう、しかし反面もっと広く言えば政治的な面は更にもっと強くしなさい」と指摘した[55]。軍事的側面の進展を否定しないまでも、彼は、日米安保体制、ひいては日本の安全保障に資するのは、政治経済面での関係強化と考えていた。

そこには、時代認識も深く関係しており、久保は日米安保条約の変質を以下のように語った。「安保条約はいわば冷戦状態のもとに誕生した」ものの、「今日すでに冷戦状態を脱却しつつある」ため、「本来の機能である軍事的機能は薄れてきて、今度は政治的機能が高まってくる」。「一方では必ずしもそうでない側面」として「ベトナム戦争があるために、それに関連して、日本の基地が使用されている」が、それはあくまでも「過渡期における一つのできごと」である。「ベトナム戦争が済んだら、政治的機能のほうにかえるように」と思うが、「少なくともベトナム戦争があるとはいいながら冷戦時代における軍事的機能の時代から政治的機能の時代に」変化してきた。「国際平和に寄与することと、日米間の経済協力」の二つを唱っている「日本国とアメリカ合衆国との間の相互協力及び安全保障条約」(新安保条約)は、「冷戦構造の所産であった」ため、従来、「日米間の友好協力」の部分が強調されてこなかった。しかし、「冷戦構造を脱してくると(経済条項である)第二条が、生きてくる」[56]。また、「日本とアメリカの間の経済問題とか、政治間の問題とかいろいろトラブルがあるようですけれども、本来ならば安保条約の第二条(両国の間の経済的協力を促進する)でもってもっと円滑に処理さるべき」である[57]。彼は、日米関係における比重が時代とともに「軍事的機能」から「政治的機能」へと移行したとの認識に立ち、日米安保条約の新しい性格を捉えた。

もっとも、このような久保の議論については、日米安保不要論への巧みな反論に過ぎないと指摘することも可能であろう。だが、「七〇年代の選択としては、そういう日米間の相互依存関係を基本にして、日ソであれ日中であれ、積極的にやろうと思えばやれる」[58]と語ったように、彼は、米国との紐帯《ちゅうたい》を強めるのみならず、東側陣営との関係強化も視野に入れていた。具体的には、次に明らかにする最大の仮想敵国だったソ連との政治的経済的結びつきである。冷戦構造からの脱却と相互依存関係の時代への突入という認識は、日米問題にとどまらず、対ソ政策まで包み込むものだった。

3 広義の安全保障論

冷戦思考からの脱却

一般的に、防衛官僚や自衛隊幹部は防衛力整備にもっぱら力を注ぎ、特に冷戦期にはその傾向が強かった。しかし、日本の安全保障のありかたについて、久保卓也は「防衛力を持たなければいけないけれども、同時に相手からの脅威」や「地域における緊張を低めること」も、一つの側面と考えた[59]。彼は、安全保障を消極的なものと積極的なものに分類し、前者は攻撃に対抗するための軍事力、後者は脅威や緊張を引き起こす敵対意識に対して緩和効果のある経済協力などであり、その双方を追求すべきと論じ、防衛政策関係者でありながらも、後者の重要性も深く認識していた[60]。

その久保が脅威を減少させるべき相手とまず考えたのは、ソ連だった。一九七一年七月のニクソン・ショックから数カ月後の講演にて、久保は「米中が近づいてくれれば、ソ連としては中ソ対立の関係上、どこかの国と結んだほうがよいということに」なるとし、ソ連側からの日本接近の可能性を指摘した。その上で、「かりにソ連の軍事力が脅威にならないような日ソ関係ができれば、わざわざ高いカネをかけて防衛力整備を急ぐ必要もない」として、「経済的な協力関係が中心になると思いますが、ソ連にとって日本の経済協力が不可欠」な関係を構築すべきと語った[61]。日ソ間における経済協力の代表例として久保が挙げたのは、日本が技術や資金を提供し、ソ連のシベリア地域にて天然資源開発などを行なうシベリア開発だった[62]。

ソ連とのシベリア開発は、日ソ関係の強化につながるため、中国を刺激する可能性があったが、この点も考慮に入れた上で、久保は開発への強い意思を示した。ソ連の反発がありながらも日中平和友好条約を締結したのだから、シベリア開発への日本参加に中国が賛同しなくとも、ソ連と協力すべきであり、逆に日本が開発に不参加の場合、エネルギー資源の利用が難しくなったソ連は中東やペルシャ湾に圧力をかけるだろう[63]。彼は、ソ連の対外政策に関する深い洞察力と柔軟な思考を持っていたといえる。

「善隣友好関係を進め、隣国との経済、技術、文化その他各分野での相互に入りくんだ協力、依存関係を樹立して〔中略〕相手の平和的協力を失うことがお互いに損であるという関係を多く作っていく」べきと述べたように、久保は安全保障の観点から相互依存関係の強化を唱え、シベリア開発に関しても、経済的利益の獲得を目的とする経済界の政経分離論と異なり、政経合体論の立場だった[64]。その背景には、「今日の国際社会は、英語で言えばインターリレーション『相互関係』から『相互依存』、インターディペンデンスに移ってきている」[65]という時代認識もあった。

このような視点に立つゆえ、久保が東西陣営を越える枠組みに着目したのも不思議ではない。彼は、「アジア安保体制の模索のための努力や将来の軍備管理への指向の努力も必要」とし、「安全保障のための地域的、世界的ネット・ワークをより多く作っていき、その中に多角的な保険をかけていくことが望ましい」と述べ、国際安全保障のための枠組み構築や軍備管理の必要性を説いた[66]。それは、既存の北大西洋条約機構(NATO)やワルシャワ条約機構(WTO/WPO)、日米安保体制の存在を認めた上で、東西陣営をまたぐかたちの仕組みや対話であり、その代表例がヨーロッパ安全保障協力会議(CSCE、のちのヨーロッパ安全保障協力機構)だった[67]。

一九七五年にCSCEでは、国境不可侵や人権尊重のほか、軍事演習の事前通告などの信頼醸成措置、経済や科学技術分野における協力を盛り込んだヘルシンキ宣言が採択された。久保は、このようなヨーロッパ方面で出現した新たな安全保障の枠組みを踏まえ、上記を提言したのであろう。そこには、信頼醸成措置などの非軍事的手段が、軍事に対して忌避的風潮のある国民世論も受け入れやすく、かつ安全保障の重層化につながるとの考えがあったと指摘できる。

ソ連との相互依存関係の推進や多国間安全保障の枠組みの提唱は、一九四〇年代後半から顕在化した東西陣営の全面的対立という冷戦思考とは、一線を画する。久保は、「冷戦構造は、イデオロギーの対立を基盤にして、相手陣営のイデオロギーと軍事力とからすれば、いずれも我方又は世界各地に軍事的侵略を行なうであろうとの脅威感を相互がもち、それがまた軍事力を増強して不信感を増幅する経過を進んで来たもの」と規定した上で、それが「最も顕著であつ《ママ》たのは、第二次大戦後から一九六〇年代始め《ママ》頃に至る期間」だったが、「時の経過につれ、一方で両陣営の交流が進み、他方で核均衡が形造られていく過程で逐次相互の信頼感を回復」したと述べる[68]。根深い相互不信による緊張状態という「第二次大戦後から一九六〇年代始め頃に至る期間」にみられた冷戦的考え方を一九七〇年代にも当てはめるのではなく、彼は「今日すでに冷戦状態を脱却しつつある」[69]とし、時代の変化を捉えていた。

ここで注目すべきは、久保の冷戦観である。彼は、東西対立の根本的原因を軍事力の大きさよりも相互不信にあると論じ、緊張関係の改善や脅威の低減を目指す上で互いの信頼感構築に重点を置いた。これは、軍事的な「能力」よりも「意図」に着目した発想である[70]。デタントに関しても、相手の侵略の「意図」がなくなりつつあるものと信じようとする現象で、他方の軍事的「能力」は減少するどころか強化されつつあると論じ、同様の観点から捉えた[71]。シベリア開発に目を向けた理由も、経済分野での交流と相互利益が増すほど、敵意を引き起こす誤認の可能性を減少させうるとの考えからだった[72]。経済面や文化面での相互依存関係の強化と東西陣営間の対話を提唱したのは、相手国の「意図」に働きかけるためだったといえる。

「積極的平和主義」の提唱

久保は、防衛局長時代のインタビューにて、「日本自身の防衛もさることながら、その前に、国際平和を維持し、発展させるため日本はどういった種類の寄与をなすべきか」を考えるべきであり、「国際平和の寄与はやりたくない、ただカネもうけさえすればいいんだでは、世界が許しません」と述べ、日本の国際貢献の必要性に言及した[73]。国防会議事務局長の時には、戦後日本の「平和主義は、憲法上の解釈、そこから由来する非武装中立論、非核三原則、不可侵条約の提案等にみられるように、わが国は何々をしない、という受動的、消極的な平和主義」といえ、「国際の安定と平和の創出のために何かをするという、能動的、積極的平和主義への転換が必要」と語った[74]。これは、日本が世界有数の経済大国へと成長したのにともない、国際社会に対する責任も増したと考え、積極的に国際平和へ寄与し、平和構築に参画すべきとの主張である。「湾岸ショック」を引き起こす一九九〇年の湾岸危機よりも以前、専守防衛や武器輸出三原則等という受動的な政策が次々と表明された一九七〇年代から彼は、「平和主義」の意味を問い、新しいありかたを説いていた。

日本の国際貢献に関して、久保は遅くとも国防会議事務局参事官時代から意識していた。一九六六年の論文では、米国からの日本の防衛努力について、経済援助とともに「国連の海外における平和維持作戦に参加することが重要とする意見のあることは注目に値する」と述べ、関心を寄せた[75]。防衛局長の時には、軍事面で国際的に寄与しうる上限として、東南アジア諸国の国内治安と航行の安全に資する哨戒艇や通信機材、救難装備などの提供を例に挙げた[76]。これらの方策は、当時の時代状況や政府首脳の意向から直ちに実現可能なものではなく、久保も必ずしも正面から唱えたわけではない[77]。しかし、次に取り上げる議論が、これらの主張に基づいていることは明らかである。

一九八〇年の論文「わが国の八〇年代防衛政策」は、平和創造の努力として、具体的に軍備管理や国連協力、武器輸出などを挙げた[78]。久保は、軍備管理問題について、政府は日本自身が防衛力を自制しているためか熱心に取り組んでいないとし、次のような提案をした。それは、核兵器の拡散規制、化学兵器の禁止、核実験の包括的禁止、兵器移転の制度化、軍事費の削減という世界的問題のほか、日本周辺では、信頼醸成措置の一環として、偵察や演習、ミサイル実験という軍事行動の海空域における制限と相互通報、朝鮮半島での軍備管理、西太平洋における外国軍事基地の凍結、東南アジアでの非核地帯設定と核抑止の保障である。

　久保は、国連への日本の協力について、憲法前文の精神からも望ましいとした。彼は、国連監視団への参加、災害における医療や輸送、復旧などの支援が考えられ、日本が平和維持のために寄与できる分野は少なくないものの、自衛隊派遣は拒否されてきたと批判する。自衛隊の海外派遣を憲法問題ではなく自衛隊法などの法律上の問題とする久保は、「口で平和を唱えるだけではなく、行動に移してこそ信頼が得られる」とし、「金は十分出すけれども、汗や血を流すのは他国の青年に任せる」日本の姿勢について、警鐘を鳴らした。

　武器輸出三原則等によって厳しく制限された武器輸出に関して、久保は容易に避けてよい問題ではないとし、次のように語った。アジア各国の安定は日本の国益と安全保障につながるため、経済援助のほか、「各国の治安力強化のため、要望に応じ治安関係の武器を輸出することも、日本がアジアにおいて小さくない政治・軍事的役割を果たす」ものである。そして、戦闘機や戦車などは望ましくないが、「国内の治安維持に役立つような兵器、例えば通信機器、輸送用殊殊《特殊》車両、練習機、輸送機、ヘリコプター、哨戒艇、小銃以下の火器等は、輸出の対象と考えて」もよいだろう。

　脅威を構成する「意図」に働きかけるのが相互依存関係の強化だとすると、軍備管理は相手国の「能力」を制限する手段だった[79]。一方、国連協力と武器輸出に関する議論の背景には、情勢判断があった。久保は、アジアにおける脅威や危機感は各国国内の政治面経済面での不安定さにあり、そのため内戦や隣国との紛争が勃発すると考えていた[80]。これは、終戦後の日本国内において、政治的、経済的、社会的混乱に起因する数多くの騒擾事件を目の当たりにし、最も間接侵略の可能性が高かった時期に警察官僚として対応した経験に基づく認識といえる。彼が経済協力とともに国連による活動と一定限度の武器輸出を主張したのは、安全保障上、民生の安定と国内治安が最も深刻な問題と考えていたためである。

おわりに

本章では、久保卓也の歩みを振り返りながら、彼の安全保障構想について論じた。最後に、防衛官僚としての彼の特徴を明らかにし、結論とする。

久保と彼以外の防衛官僚は、政策にかかわる上で、ともに日本の安全の確保を目指していた。両者を分けたのは、その目的よりも、それに至るための方法においてであった。多くの防衛官僚は、国民的理解を二の次とし、広い意味での安全保障にも関心を寄せず、もっぱら防衛力再建に注力した。「独立国として、とにかく自衛隊はつくるのだ、とにかく急いでつくるというのが一次防以来の認識」[81]だった彼らは、防衛問題が最大の政治的争点であることから、世論や野党を刺激しうる議論を避けようとし、その攻撃材料となるであろう防衛力の意義などを提示しなかった。また、防衛庁の所掌事務は防衛政策と自衛隊の管理といえ、軍備管理や国連協力などは担当外であり、広範な安全保障政策を担う組織も存在しなかった。防衛力整備に専心した彼らの姿勢は、組織防衛や前例主義という側面はあるものの、やむを得なかったともいえる。

一方の久保は、達成困難な所要防衛力の目標を追求するよりも、防衛力整備を一定程度に抑えることで国民的理解を獲得し、それ以外の施策を講じた方が日本の安全保障上、有益だと考えた。制度調査委員会事務局での勤務を皮切りに、すべての年次防に何らかのかたちでかかわった彼は、防衛問題をめぐる国論の分裂を深刻に受け止め、国民的合意の形成の必要性を痛感していた。久保がその原因の一つとしたのは、整備目標のみを掲げ、その根拠となる防衛力の意義などを国民に示さない従来のありかただった。国民の共感や支持を重視し、「世の中の事象は全て論理的に体系化しなければ気が済まない」[82]という彼が、このような防衛政策の欠陥を見逃すはずもなかった。久保は、上限のある防衛力に意義を与えて、脅威を前提としない方が国民的理解を得やすいとし、またそれが可能な国際情勢だと考えた。

国内の諸条件によって防衛力が限定的な役割しか果たせない以上、ほかの手段によって脅威自体を低減させる必要があり、かつそれは国民に受け入れやすいものでなくてはならなかった。久保は、時代の潮流を捉え、国際政治における政治経済面の重要性を認識し、非軍事的手段である安全保障の枠組みや軍備管理に着目した。ソ連とのシベリア開発を例に挙げて相互依存関係の強化を説いたこと、またアジア各国の脅威が国内状況に起因すると指摘した点は、軍事的手段に目を向けがちな防衛官僚と異なる議論であり、発想だった。

久保が官僚として特異なのは、問題意識もさることながら、その解決策を構築したことである。視点が異なるものの、防衛政策が抱える問題については海原治も現役時代から指摘し続け、また久保による脱脅威論は関係者から強い批判を浴びた[83]。しかし、それらは批判に終始し、代案を提示した上での反対論ではなかった。新構想を生み出すには、相応の知性と経験、そして気力が必要であり、容易なことではない。久保を独自な存在たらしめたのは、柔軟な思考から時代状況を達観し、従来の政策に内在する問題を見抜き、それを自らの課題として真正面から取り組んだその気迫と構想力にあったといえる。

註

1——久保の経歴については、「年譜」久保卓也遺稿・追悼集刊行会編集兼発行『遺稿・追悼集　久保卓也』(一九八一年)〔以下、『追悼集』と略記〕四七三〜四七五頁を参照。〔〕内は、筆者による補足である。

2——〔久保卓也〕「防衛力整備の考え方(未定稿)」(一九七一年二月二〇日)(防衛省開示文書、二〇一三・九・九—本本B五二〇)、〔久保卓也〕「平和時の防衛力(討議資料)」(一九七二年九月)(防衛省開示文書、二〇一三・一二・二六—本本B八五〇)、久保卓也「我が国の防衛構想と防衛力整備の考え方」『追悼集』五八〜八六頁〔初出(一九七四年六月)〕。本章では、防衛大綱決定以前の四度にわたる防衛力整備計画を、それぞれ一次防などと略記する。

3——主な研究としては、以下がある。廣瀬克哉『官僚と軍人——文民統制の限界』(岩波書店、一九八九年)一四四〜一五七頁、田中明彦『安全保障——戦後五〇年の模索』(読売新聞社、一九九七年)二四四〜二五〇、二五六〜二六〇頁、佐道明広『戦後日本の防衛と政治』(吉川弘文館、二〇〇三年)二六〇〜二七一頁、川崎剛『社会科学としての日本外交研究——理論と歴史の統合をめざして』(ミネルヴァ書房、二〇一五年)第七章。ただし、武田悠は、大綱策定における久保の役割を重視する点では先行研究と同じであるが、久保構想は必ずしも脱脅威論といえないと指摘する。また、近年、久保が大綱策定へ与えた影響に関して再考を促すものも発表されているが、彼が研究対象である点に変わりはない。武田悠『「経済大国」日本の対米協調——安保・経済・原子力をめぐる試行錯誤、一九七五〜一九八一年』(ミネルヴァ書房、二〇一五年)三五〜四一頁、眞田尚剛「戦後日本の防衛政策史 一九六九〜一九七六年——防衛大綱に至る過程を中心に」(立教大学博士論文、二〇一四年度)第四章・第五章、千々和泰明「未完の『脱脅威論』——基盤的防衛力構想再考」『防衛研究所紀要』第一八巻第一号(二〇一五年一一月)。

4——久保卓也「日米安保条約を見直す」『追悼集』四〇〜五八頁〔初出『国防』第二一巻六号(一九七二年六月)〕。

5——外岡秀俊・本田優・三浦俊章『日米同盟半世紀——安保と密約』(朝日新聞社、二〇〇一年)三三六頁。

6——「衆議院内閣委員会議録」(一九七二年五月三〇日)、『毎日新聞』一九七二年六月七日。久保の日米安保体制への考え方に関する研究としては、田中『安全保障』二三八〜二四〇頁、佐道『戦後日本の防衛と政治』二七一〜二八一頁、吉田真吾『日米同盟の制度化——発展と深化の歴史過程』(名古屋大学出版会、二〇一二年)一七一〜一七三、二七三〜二七四頁がある。

7——例えば、以下を参照。田中『安全保障』二三七〜二三九頁、二四四〜二四五頁、佐道『戦後日本の防衛と政治』二六三、二七二頁、吉田『日米同盟の制度化』二〇二頁、川崎『社会科学としての日本外交研究』二四六〜二四七頁。

8——千々和泰明『変わりゆく内閣安全保障機構——日本版NSC成立への道』(原書房、二〇一五年)五九〜七四頁。

9——久保卓也・村上薫〔対談〕「ミグ二五ショック!日本の自衛力の盲点を衝く」『実業の日本』第七九巻第二〇号(一九七六年一〇月)五四頁。

10――玉木清司(元防衛庁防衛局第一課先任部員)への筆者によるインタビュー(二〇一五年三月二〇日、東京都)。

11――『朝雲』一九七五年七月三一日、C・O・E・オーラル・政策研究プロジェクト『夏目晴雄(元防衛事務次官)オーラルヒストリー』(政策研究大学院大学、二〇〇四年)(以下、『夏目OH』と略記)四一頁。

12――久保の構想と行動が安全保障政策に与えた影響については、紙幅の都合上、別の機会に論じる。

13――久保の生母の名前については、『追悼集』では「ふさ子」との表記だが、本章では戸籍上の「婦佐子」に従うこととする。西田淑子(久保卓也の長女)への筆者によるインタビュー(二〇一五年一一月二六日、Eメール)。本章での「久保」とは、久保卓也のことを指す。

14――西田淑子への筆者によるインタビュー(二〇一五年六月二八日、Eメール)。

15――赤星亮一「灘中学校と久保兄」『追悼集』三〇〇~三〇一頁、板倉武雄「柔道は白帯　碁は初段」同書、二九七頁。

16――秦郁彦『旧制高校物語』(文春新書、二〇〇三年)九三頁。

17――柴田銀造「童顔の美少年から…四二年を共に」『追悼集』三〇三頁。生徒総代会については、神陵史編集委員会編『神陵史――第三高等学校八十年史』(三高同窓会、一九八〇年)八八一~八八三頁を参照。

18――西田淑子によると、久保の内務省入省の背景には、息子を一国一城の主である知事にしたいという父・健蔵の希望があった。西田へのインタビュー(二〇一五年六月二八日)。

19――内務省入省以外の「一八年組」には、大蔵省の海堀洋平(大蔵省主計局次長)と田代一正(防衛事務次官)、商工省の森田三喜男(防衛庁装備局長)らがいる。

20――久保の海軍軍令部時代に関しては、以下の文献に依拠する。大津済「久保君と海軍」『追悼集』三〇九~三一一頁、御巫清尚「軍令部第三部第五課」同書、三一三~三一五頁、横井克己「軍令部時代と『ふたば会』」同書、四三〇~四三一頁、御巫清尚「昭和二十年八月十五日　私は」東京府立第五中学校昭和十三年卒業十五回E組紫園会編『ますらを――昭和二十年八月十五日私は　特集号』(紫園会、一九八四年)六頁。

21――海原は、一九一七年生まれの旧内務官僚であり、保安庁保安課長や防衛局長などを歴任後、一九七二年に国防会議事務局長にて退官し、二〇〇六年に死去した。

22――この点については、『夏目OH』四三頁、佐道『戦後日本の防衛と政治』八四~八五、一七四頁、中島信吾『戦後日本の防衛政策――「吉田路線」をめぐる政治・外交・軍事』(慶應義塾大学出版会、二〇〇六年)二二五~二二六頁を参照。

23――久保卓也『月曜会レポート　四次防の意図と背景』第五九九号（一九七二年九月一一日）四一～四二頁。
24――『大分県警察史』（大分県警察本部教養課、一九六三年）四七二～四七五頁。
25――久保卓也「警察民主化の精神」『豊のまもり』第三號（一九四七年一月）、重光武徳「民主主義と警察」『追悼集』三一九頁、高橋弘篤「居候の引継ぎ」同書、三二一頁。
26――『朝日新聞』一九五六年一〇月一四日、『読売新聞』一九五六年一〇月一四日、同紙一〇月五日、神戸正雄『警視庁』（三一新書、一九五六年）一五七頁。
27――浜崎仁「警官にも言わせてほしい――砂川基地反対闘争」『追悼集』三四五頁、野田章「奇縁！三度の出会い」同書、三五五頁、『読売新聞』一九五六年一〇月二三日。
28――久保卓也「警官にも言わせてほしい」『追悼集』二～一三頁（初出『文藝春秋』第三四巻第一二号（一九五六年一二月））。
29――警察庁警察史編さん委員会編『戦後警察史』（警察協会、一九七七年）三三二～三四二頁。
30――『神奈川新聞』一九五一年六月一四日、同紙六月一五日、神奈川県警察史編さん委員会編『神奈川県警察史』下巻（神奈川県警察本部、一九七四年）八七五～八七六頁。
31――三田八郎「動乱期の相つぐ警備事案」『追悼集』三三〇頁。
32――〔久保〕「平和時の防衛力」六頁。
33――久保卓也「部員時代、課長時代」『淡水』第二号（一九七七年一二月）一二頁。同資料は、中島信吾氏（防衛省防衛研究所主任研究官）から提供していただいた。記して感謝申し上げる。
34――同右、一〇頁。
35――内海倫「〝生命を懸けた〟久保理論」『追悼集』四四六頁。
36――久保卓也「部員時代、課長時代」一一頁、「戦後防衛の歩み　第一二五回」『朝雲』一九九一年七月一八日。
37――内海「〝生命を懸けた〟久保理論」四四六頁、「海堀洋平・インタビュー記録」大嶽秀夫編解説『戦後日本防衛問題資料集』第三巻（三一書房、一九九三年）四八一頁。
38――玉木へのインタビュー。
39――久保卓也・篠原宏〈対談〉「国民の立場で防衛を見直す」『国防』第二四巻第一〇号（一九七五年一〇月）一六頁。
40――『夏目ＯＨ』七七頁。事務次官「愛知官房長官との会談」（一九六六年一〇月六日）渡邉昭夫監修『〈ＤＶＤ版〉堂場文書』（平和・安全保障研究所所蔵、丸善、二〇一三年）（通し番号一九九七）も参照。

41――〈久保卓也〉「防衛力整備に関する考え方について（要旨）――討議資料」（一九六六年二月）（防衛省開示文書、二〇一三・六・七－本本Ｂ二一七）一〜三頁。当時、国防会議事務局参事官補だった中名生正己は、筆者が情報開示請求によって入手した当該論文について、久保が執筆したものと述べる。中名生《なかの》 正己《みょう》（元国防会議事務局参事官補）への筆者によるインタビュー（二〇一五年三月一八日、書簡）。上月重雄「指立て――梁山泊にて」『追悼集』三六九頁、中名生正己「新聞の三面から一面に」同書、三七二頁も参照。

42――〈久保〉「防衛力整備に関する考え方について」四頁。

43――同右、五頁。

44――同右、一〇〜一八頁。

45――同右、三一頁。

46――同右、三四〜三五頁。

47――久保卓也『月曜会レポート　四次防と日本の防衛』第五三八号（一九七一年六月一四日）三頁。

48――久保卓也ほか〈座談会〉「新局面に立つ日本の安全保障」『国防』第二一巻第一号（一九七二年一月）二六頁。

49――〈久保〉「平和時の防衛力」一三頁。

50――例えば、『夏目ＯＨ』八六頁を参照。

51――久保「日米安保条約を見直す」五五〜五八頁。

52――田中『安全保障』二三八頁、佐道『戦後日本の防衛と政治』二七二〜二七四頁、吉田『日米同盟の制度化』一九六〜一九八頁。

53――久保卓也・小谷秀二郎〈対談〉「日米安保条約を見直す」小谷秀二郎『防衛の実態――防衛庁ビッグ四との対談』（日本教文社、一九七二年）二二七頁。この対談は一九七二年六月三日に行なわれた。

54――久保卓也「日中問題と四次防」『政策』第九九号（一九七二年一〇月）三六頁。

55――久保・小谷「日米安保条約を見直す」二二〇頁。

56――久保卓也〈インタビュー〉「緊張ゆるんでも四次防はやる」『朝日ジャーナル』第一四巻第四三号（一九七二年一〇月二〇日）八頁。

57――久保卓也〈インタビュー〉「〝安保〟の現代的意義とは何か」『革新』第三〇号（一九七三年一月）一七九頁。

58――久保・小谷「日米安保条約を見直す」二二五頁。
59――久保・村上「日本の自衛力の盲点を衝く」五二頁。
60――アレン・S・ホワイティング（池井優監訳）『シベリア開発の構図――錯綜する日米中ソの利害』（日本経済新聞社、一九八三年）二〇四頁。
61――久保卓也「ニクソン・ドクトリンと日本の防衛」『政策』第八八号（一九七一年一一月）一一頁。
62――米保「第一二回安保運用協議会（SCG）議事要旨」（一九七四年五月一六日）（外務省開示文書、二〇一四―〇〇一九〇）。
63――ホワイティング『シベリア開発の構図』二〇四～二〇五頁。
64――久保「我が国の防衛構想と防衛力整備の考え方」六三頁。シベリア開発を巡る政経分離論と政経合体論については、木村汎「ソ連の安全保障」平和・安全保障研究所編『逆説のソ連――経済停滞・軍拡と日本の安全保障』（人間の科学社、一九八五年）七二～七七頁を参照。
65――久保卓也〈インタビュー〉「わが国の防衛力を語る」『経済時代』第四〇巻第九号（一九七五年九月）二六～二七頁。
66――久保「我が国の防衛構想と防衛力整備の考え方」六四、六七頁。
67――久保卓也「わが国の防衛力の現状と今後の課題」〈隊友会編〉『続防衛開眼〈第二集〉平和ボケからの脱出』（隊友会、一九七六年）一三五～一三六頁。
68――〔久保〕「平和時の防衛力」三三～三四頁。
69――久保「緊張ゆるんでも四次防はやる」八頁。
70――久保卓也「北東アジアにおける軍備規制」世界経済情報サービス編集兼発行『シンポジウム報告書　昭和五一年度今日の国際体制下における諸問題』（一九七七年）一七一頁。
71――久保卓也「四次防の性格と特徴」『国防』第二一巻第一二号（一九七二年一二月）二一頁。
72――ホワイティング『シベリア開発の構図』二〇三頁。
73――久保卓也「平和時における安全保障の在り方」『政策』第九六号（一九七二年七月）三一頁。
74――久保「北東アジアにおける軍備規制」一七一頁。同様の考え方は、第二次安倍晋三政権による「国家安全保障戦略」において掲げられた。「国家安全保障戦略」（二〇一三年一二月一七日）<http://www.cas.go.jp/jp/siryou/131217anzenhoshou/nss-j.pdf>（最終アクセス二〇一五年一一月二日）。

75――〔久保〕「防衛力整備に関する考え方について」二一一頁。戦後日本の国連平和維持活動(PKO)参加問題は、国連加盟時から政府内の一部で議論されており、米国のジョンソン政権は日本の防衛政策における将来像としてPKO参加が望ましいとした。村上友章「吉田路線とPKO参加問題――吉田路線の再検証」『国際政治』第一五一号(二〇〇八年三月)、中島『戦後日本の防衛政策』二六九～二七四頁。
76――久保「ニクソン・ドクトリンと日本の防衛」一〇頁。
77――例えば、米保「第一二回安保運用協議会(SCG)議事要旨」。
78――平和創造の努力については、久保卓也「わが国の八〇年代防衛政策」『追悼集』二三八～二四四頁〔初出『国防』第二九巻第一号(一九八〇年一月)〕を参照。
79――久保「北東アジアにおける軍備規制」一七一頁。
80――久保「ニクソン・ドクトリンと日本の防衛」六頁、久保「わが国の八〇年代防衛政策」二四二頁。
81――『夏目OH』八〇頁。
82――玉木清司の証言。玉木清司ほか〔座談会〕「久保さんを偲ぶ」『追悼集』四一五頁。
83――例えば、海原治『私の国防白書』(時事通信社、一九七五年)一九〇～二一七頁、小田村四郎「国家あるところ防衛あり」『追悼集』三九一頁。

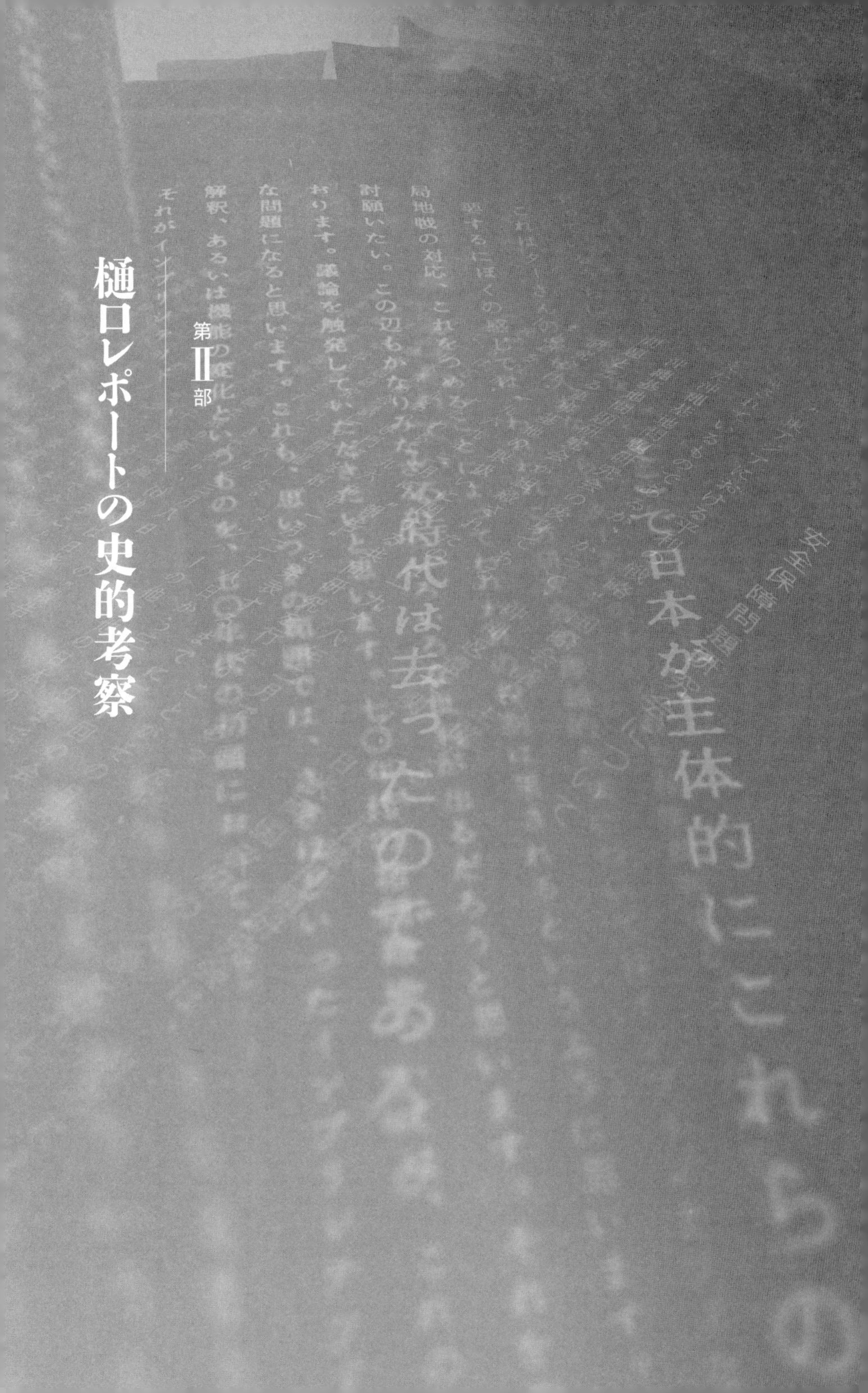

第II部

樋口レポートの史的考察

第二部では、第四章から第六章にわたり樋口懇談会（正式名称「防衛問題懇談会」）と樋口レポート（正式名称「防衛問題懇談会報告書」）を多面的に検討する。そこで、まず同懇談会とレポートの史的位置づけについて概説しておきたい。

ベルリンの壁が崩壊し、冷戦終結への道が開かれた一九八九年、その衝撃が日本に与えた影響は決して小さいものではなかったはずである。しかし必ずしも、それが日本の知的土壌に深く根を下ろし、言語化された訳ではなかったように思われる。その事情を振り返る際、私たちの脳裏に浮かぶのは、冷戦終結そのものより、そこから派生した湾岸危機と湾岸戦争の衝撃ではないだろうか。つまり、日本の政治と外交にとって冷戦終結とは何だったのか、十分に思考を深める暇《いとま》もないまま、矢継ぎ早に湾岸危機から湾岸戦争へと事態が展開し、その過程で降って湧いたように国連平和維持活動（PKO）への関与の是非が問われるに至ったのである。一連の事態が震源となって生じた多くの日本政治の変容について、あえて多言を費やす必要はないだろう。国連ＰＫＯへの参加をめぐる意思決定のなかで、日本の議院内閣制はおそらく初めてそのガバナンス能力を問われることとなった。この問いが一つの（あくまで一つではあるが）糸口となって、自民党分裂、政界再編、政権交代へと予想外の早さで進展したことは記憶に新しい。こうした動きの延長線上に、選挙制度改革、内閣機能の強化といった政治システムの抜本的な改革が続き、その潮流は今日に至るまで継続しているとみることができるだろう。劇的な変化のそれぞれについては、既に政治学、政治史、政治過程論などによる多くの優れた研究があり、そのレビューを行うことは筆者の責を越える。

問題は、当時こうした政治的激動のなかで、その淵源の一つとなった冷戦終結そのものについて、日本の政治との関連を深く考察し、思考する試みがほとんど生じなかったのではないか、という点にある。冷戦終結という事態に直面した日本の政治が、それをどのように受け止め、新たな国際環境の下でどのような将来像を描こうとしたのか、それともしなかったのか。そうした視点から振り返るとき、私たちは樋口懇談会と樋口レポートが、国際環境の激変のなかにおける日本の安全保障について思索を深めた数少ない例外に属する試みであり、同時に野心的、独創的なものでもあったことに気づかされる。

第二部では、樋口懇談会資料を読み込むことで、その軌跡の形成過程を見極めると共に、その後の展開にも視野を広げることとしたい。第四章（河野論文）では、樋口レポート第一章と第二章を中心に、議事録と参考資料からレポートの基本的な概念が醸成される過程を考察する。第五章（平良論文）では、議事録を中心とし、委員の間で展開された議論とその帰結を詳細に追う。第六章（宮岡論文）では、レポート第三章の分析を踏まえて、その後の日本の防衛政策に与えた影響力に迫る。なお、樋口懇談会資料は、議事録と参考資料からなる資料群である。議事録は第一回から第二〇回までが保存されている。参考資料は、レポート草案の初稿、第二稿などに加えて会議中の手書きメモの他、事務局作成の委員別発言概要、会議における配付資料、などから構成されている。なお参考資料のなかには、事務局から草案執筆者となった渡邉昭夫氏のみに届けられた資料も含まれている。現在、この資料群はＤＶＤ化が進められており、近く公刊の予定となっていることを付言したい。

（河野）

第4章

樋口レポートの作成過程と地域概念

――冷戦終結認識との関連で

河野康子
KOUNO Yasuko

はじめに

本章の狙いは、細川護熙《もりひろ》首相の私的諮問機関として発足した樋口懇談会（正式名称は防衛問題懇談会）の議事録と参考資料[1]に基づいて、樋口レポート（正式名称は、防衛問題懇談会報告書『日本の安全保障と防衛力のあり方――二一世紀へ向けての展望』[2]）の作成過程を検討し、そこで展開された地域概念をはじめとする安全保障構想を提示することにある。

樋口レポートが公表されて以降、一般的な関心は、その第二章第二節で採りあげられた「多角的安全保障協力」に集中する傾向があった。もちろん、「多角的安全保障協力」は樋口レポートの軸となる主要な概念であって、これを看過することはできない。とは言え改めて樋口レポートの意味を考える時、レポート全体が提示した安全保障構想にも目を配る必要があるのではないだろうか。何故ならレポートは独自の冷戦終結認識にもとづいて、国際社会の質的変容に注目し、その上で新たな安全保障政策を提起したからである。

樋口レポートは「まえがき」と「おわりに」の他、三章の本文から構成されている。その作成過程を検討するにあたり、本章では樋口レポートの第一章と第二章とに焦点を当て、同レポート第三章については本書第六章(宮岡論文)の分析に譲ることにしたい。樋口レポート全体のなかでは第三章が最も長いだけでなく、具体的な政策提言を多く含んでおり、新大綱(「平成8年度以降に係る防衛計画の大綱について[07大綱]」、一九九五年)、新ガイドライン(「新・日米防衛協力のための指針」、一九九七年)など、その後の防衛政策に対する影響力が大きい。

これに比べて第一章と第二章は、政策提言そのものではなく、むしろ、その前提となる思想的理論的な基盤を示している。具体的には、樋口レポート第一章は、冷戦終結認識を踏まえた国際環境の質的変化を、第二章は、この変化のもと日本の安全保障についての基本的考え方をそれぞれ考察している。この考察の中で、多角的安全保障協力、国際公共財等の樋口レポート独自の安全保障構想が展開された。この構想には、日本の安全保障環境に関わる地域概念についての注目すべき展開が含まれており、この展開には、その後の日本外交に深く関連する部分があったのである。それが日本の安全保障環境について樋口レポートが提示した「極東」から「アジア・太平洋」へ、という地域概念における志向に他ならない。本章では、この点に注目しつつ樋口レポートの作成過程を考察する。

樋口懇談会と樋口レポートに関する研究は着実に増えつつあるが[3]、近年は、二〇〇〇年代までの安全保障政策も見通した上で、樋口レポートの持つ先駆性を指摘する研究があらわれている[4]。この先行研究は、防衛庁が関与した樋口レポート第三章だけでなく樋口レポート全体の発想に着目し、そこに「日米安全保障共同宣言」(一九九六年四月)[5]との関連を読み取る可能性について示唆している。本章は、これを踏まえて、樋口レポート第一章と第二章の作成過程を検討する。周知の通り「日米安全保障共同宣言」は一九九六年に訪日したクリントン米大統領と橋本龍太郎首相との間で合意されたものであって、首脳同士の共同宣言であることから、その策定には主として外務省が関わった[6]。つまり直前まで駐米大使であった栗山尚一《たかかず》、および北米局審議官の田中均などが策定に関わっていたのである[7]。この点を考えると、樋口レポートを「日米安保共同宣言」および、その後の外務省の安全保障構想との関係性のなかで読み解くことが可能となるのではないだろうか。本章は、こうした問題意識を通して、樋口レポートの作成過程を検討する。

なお後述するとおり、樋口レポート第一章と第二章の草案は樋口懇メンバーの一人である渡邉昭夫が起草し、懇談会の議論を経て完成した。したがって第一章と第二章の内容は渡邉の冷戦および冷戦終結認識を色濃く反映するものとなっている。そこで、本章ではまず渡邉の冷戦全般への認識を樋口懇談会以前に遡って検討し、その上で懇談会の議論を考察することとしたい。ここで確認したいのは、草案の起草者となった渡邉にとって、冷戦後の安全保障というテーマが懇談会発足の際に突如として天から降ってきたものではない、ということである。つまり渡邉は、懇談会のメンバーとなって初めて冷戦終結という国際環境の変動に関心を持った訳ではなく、懇談会発足に先立って冷戦終結前後の国際社会の変容に直面し、すでに思索を重ねていたのである。そこで本章では、まず樋口懇談会発足以前の渡邉の思考と著作に注目し、冷戦終結前後の事態からどのような衝撃を受け、それが樋口レポートにどのように反映されたのかを見ておきたい。

1　樋口懇談会発足まで――冷戦終結前夜の衝撃

樋口レポート草案の起草者となった渡邉昭夫にとって冷戦終結とは何だったのか。その手掛りの一つは在外経験であった。一九八八年夏から一九八九年夏の約一年間、ワシントンＤＣのウッドロウ・ウイルソン・センターに滞在した渡邉は、この冷戦終結前夜とも言うべき時期に衝撃的な経験をしていた。渡邉によると、この時期、すでに冷戦終結を見越した米ソ両国の研究者たちが丁々発止の議論を交しており、それに接する機会を得たのである。このとき冷戦の終結は目前と予想されており、そうした国際環境の激変に向けて敵国同志であるはずの(少なくとも日本の研究者にとってはそう見えていた――河野)米ソ両大国の研究者が、口角泡を飛ばす勢いで冷戦後の安全保障を議論する事態を前にして、渡邉は、日本が蚊帳の外に置かれる懸念を持ったという[8]。こうした議論に触発された渡邉は、カナダやオーストラリアのオピニオン・リーダーたちがアジア・太平洋でも多角的、協調的な安全保障の枠組みを作る必要性について考え始めたことを知る。渡邉によれば、それはNATOのようなものを作るということではなく、アジア・太平洋地域で安全保障に関する議論をする場を作る構想であった。ここに日本が参加する必要性を感じた渡邉は、積極的にこの動きに関与しようとする。つまり、後に樋口レポートの骨格となる多角的安全保障協力という考え方は、懇談会発足に先立って渡邉のなかに胚胎していたと言えよう。

当時、こうした動きの中心にあったのはカナダのヨーク大学であった。ヨーク大学のデビル・デイビッドとブライアン・ジェームズとが中心となり、カナダ外務省の支援のもと冷戦後のアジア・太平洋に関する国際シンポジウムがバンクーバーで開かれることとなった。渡邉はこのシンポジウムに参加し、その成果を踏まえて日本でフォローアップのためのワークショップを開催するという課題を持ち帰る。バンクーバーのシンポジウムで議論された、いくつかのテーマのうち一つを、日本がホストとなってワークショップを開催することを引き受けたのである。しかし日本の外務省はこの企画に消極的で、支援を行う意向は見られなかったと言う。日本でのワークショップ開催のため、渡邉が旧知の西廣整輝(元防衛事務次官。その後、防衛庁顧問)に相談すると、西廣はシンポジウムへの援助を快諾した。こうして、渡邉が中心となってアジア・太平洋協力をテーマとするワークショップが横浜で開催され、ここでも西廣はスピーチを引き受けている[9]。

この経緯は、樋口懇談会に渡邉が参加する際の伏線の一つとなる。つまり細川政権発足に際して首相から相談を受けた西廣は、渡邉の考えを熟知した上で懇談会メンバーへの参加を依頼したのである。実は渡邉と西廣の縁は、このとき始まったものではない。渡邉は後にわかったこととして、西廣が渡邉と同じ東大文学部国史出身であることに触れ、さらに阪中友久(朝日新聞)を交えて渡邉、西廣が日本の安全保障について以前より意見交換を重ねていた、と述懐している[10]。

注目すべきは、ウッドロウ・ウイルソン・センター滞在から帰国した渡邉が、バンクーバー、横浜でのワークショップなどと同時並行的に著書を刊行、多くの論文を発表していたことである。旺盛な研究活動の原動力が、冷戦終結という国際環境における衝撃にあったことは容易に想像できる。これらの研究成果にあらわれた渡邉の冷戦終結認識と、それに付随する国際秩序および安全保障に関する構想は、その後、樋口懇談会メンバーとなって冷戦後の日本の安全保障に関するレポートを執筆する際の知的土壌となるものであった。したがって懇談会での議論を検討するに先だち、冷戦終結から懇談会発足に到る時期(一九九〇年から一九九三年)に刊行された渡邉の著書および諸論文を検討し、その冷戦終結認識と安全保障論を確認しておきたい。一九九四年八月の樋口レポートに結実する協力的安全保障をはじめとする複数の主要な概念が萌芽的に現われているからである。

ウッドロウ・ウイルソン・センターから帰国直後に執筆されたと思われる論考「冷戦後の米中ソ関係と日本外交の選択」[11]には渡邉の基本的な冷戦、および冷戦終焉の捉え方が鮮明に現われている。つまり冷戦終結を論じる際、当然、その前提となる冷戦認識が問題となるが、これについて渡邉の議論には以下のような特徴がある。それは、冷戦をめぐるヨーロッパとアジア・太平洋との位相の違いであった。

「冷戦期、国際関係の特徴はその構造の安定性(悪く言えば硬直性)にあった。冷戦終焉とは、そうした構造の安定性が失われ流動性が増すことを意味している」[12]と記した渡邉は、冷戦後の新たな国際秩序形成について、日本が積極的な役割を果すべき、と提言していた。この提案との関係で、渡邉は当時のキッシンジャーの議論を引きつつ、次のようにその見通しを批判している。

冷戦史におけるヨーロッパとアジア・太平洋の位相の相違との関連で言えば、……米ソ関係に生じつつある変化がアジア太平洋地域ではヨーロッパほどには直接の影響を与えていない……[13]

……キッシンジャーは今後の（冷戦終結後の――河野）アジアの国際政治に関して、一八～一九世紀ヨーロッパの古典的なバランス・オブ・パワーとのアナロジーで、日本、中国、インドの三大国が三つ巴のパワーゲームを展開すると見ている。おそらくこのアナロジーは時代錯誤である。……[14]

……今後の日本外交はアジア・太平洋の地域外交に力を注ぎ、そこに確実な足場を築き上げることを最優先の目標にすべきである。それが、日米関係の機軸を安定させる道でもあろう[15]。

こうした思想的な背景のもとで、渡邉は「冷戦を終わらせ、冷戦を越えるとは、日本外交にとっては、アジア・太平洋に「太平洋の協調」とでも呼べるような新しいタイプの国際秩序を形成する中心的役割を引き受けるということである」[16]と述べ、アジア・太平洋国際秩序の形成に日本が貢献することこそが、日米関係を安定させる方法である、と主張した。つまり、渡邉の主張の核心は、後の樋口レポートにおける多角的安全保障協力構想の萌芽となるものであり、この構想が日米関係の安定と両立する、というところにあった。

続いて翌一九九二年には「アジア・太平洋における新秩序の模索」[17]が発表される。ここでも冷戦とその終焉に関する渡邉独自の議論が展開されている。

冷戦というドラマを見るとき人々の目はとかくヨーロッパに集まりその他の場所で起こりつつあることは舞台の袖のことでしかないと考えがちであった。……[18]

……この四十年余のアジア・太平洋の歴史はめざましい国家建設のそれであった。（アジア・太平洋においては――河野）冷戦（すなわち米ソの対抗）は、唯一の規定要因ではなかったどころか、その最大の規定要因でさえ

もなかった……[19]

……アジア・太平洋の安全保障の新しい枠組みを模索する際、……大切なことは信頼醸成のための政治的協議と実際的な軍事能力の組織化とを混同しないことである……

アジア・太平洋地域をできるだけ広くカヴァーする協議の仕組み(あるいはそれに至るための準備段階としての協議の習慣づくり)を開始しようというさまざまな構想が出され、一部は既に着手されている……

ASEAN拡大外相会議をベースにして地域的な安全保障の協議を進めようという動きも出ている……このような多角的・包括的な協議のプロセスが進展することは、他方で進められるべき実際的措置をめぐる実務的交渉の為の望ましい環境作りという副次的効果を持ちうる[20]。

ここに見られる通り、一九九〇年から一九九一年にかけて、渡邉が構想した冷戦後の国際秩序は、その具体的な枠組みをアジア・太平洋地域協力に求めていた点、これを多角的・包括的な協議と表現していた点に特徴があった。総じて、冷戦終結前後の国際環境に直面した渡邉は、樋口懇発足に先立ってすでに、冷戦終結を認識するに当って、その不確実性、流動性を強調していた。こうした変化に対応すべく、アジア・太平洋地域という地域概念と多角的安全保障協力との関連性に着目し考察を深めていたのである。

2 樋口懇談会発足と樋口レポート作成過程

細川内閣発足と樋口懇談会

一九九三年八月の政権交代で首相に就任した細川護煕は、冷戦終結後の日本の安全保障について諮問機関を設置する。その設置について相談相手となったのは、細川とは旧知の西廣整輝（防衛庁顧問）であった。一九六五年から六七年にかけて、細川が朝日新聞記者だった頃、防衛庁記者クラブに所属していた時期があり、この時期、西廣が防衛庁長官秘書官であった関係で両者は親しい関係にあったとされている[21]。さらに先に触れた通り西廣は阪中友久（朝日新聞）と共に渡邉とは折に触れて意見交換を行い、三者間で防衛問題をめぐり議論を重ねていた。その上、西廣はバンクーバー・シンポジウムから横浜シンポジウムへの経緯のなかで見た通り、冷戦後の国際環境をめぐる認識を大筋で渡邉と共有していたのである。こうした事情のもとで、西廣は諮問機関メンバーに渡邉を加えることとした。人選を進めた結果、座長にアサヒ・ビール会長の樋口廣太郎を据えた他、座長代理に諸井《もろい》虔《けん》（秩父セメント会長）、渡邉昭夫（青山学院大学教授）を含む九名の委員を擁する防衛問題懇談会が発足した[22]。これが通称・樋口懇談会である。

この懇談会は、その後二回の政権交代に見舞われたものの中断することなく存続し、一九九四年八月一二日には自民・社会・さきがけ連立政権の村山富市首相に報告書を提出した。通称・樋口レポートである。なお二〇回にわたる懇談会の議事録と参考資料は保存されているが、この他に少なくとも三回の非公式会合（五月六日、六月八日、八月二日）があり、これらの会合については議事録が作成されていない。まず、樋口懇談会に対する渡邉の全体的な評価を見ておこう。第九回懇談会（五月一一日）の席上での発言である。ちなみに、この会合には、細川内閣退陣を受けて発足した羽田内閣の羽田《はた》孜《つとむ》新首相が出席していた。

　こういう防衛を含んだ安全保障の問題が、内閣のレベルで正面から取上げられたという事実が持つ非常に大きな重要性ということ強調させていただきたいと存じます。従来はどうしても、防衛といった種類の問題は、やや俗な表現をいたしますと、さわらぬ神にたたりなしということで、出来るだけ取上げたくないという雰囲気がなかった訳ではないような気がいたします。そうではなくて、ある意味で冷戦が終焉して、こういう問題を議論する知的な雰囲気というのが非常に大きく変ってきたということは、その意味では大変結構なことであって、安全保障の問題を、むしろ正面から日本の政治の中心的な問題として議論するような動きになってきているように私は思います。そういう意味で、強調させて頂きますけれども、これは内閣レベルの問題であると。こういう基本的な安全保障という問題についての姿勢を是非、この内閣以後、……続けていただければ大変意味があるのではないかと思います。……非常に大きな歴史的な転換の時期に今はあって、そういうことで議論しているのではないかと思います。……一言で言えば、幅と深みのある安全保障政策というものが次第に浮かび上がってきつつあるような印象を持っております[23]。

実際、内閣レベルで安全保障問題に関する諮問機関が設置されたこと自体が画期的であったことは間違いない。本書第一章(板山論文)が指摘する通り、一九七〇年代初頭には、防衛問題を政府が採りあげること自体、政治的に難しいとの判断があった。この判断を念頭に置くと、一九九〇年代に入って、内閣という高い政治的レベルで安全保障問題が採りあげられたことは看過できない意味をもつ。しかしながら、細川首相、後継の羽田首相が、それぞれ懇談会と報告書の内容に特段の深い関心を示したり、その方向性をリードしたりしなかったことも事実である。細川首相は第一回懇談会に出席したものの、その後の会合にはまったく姿を見せず、懇談会の推進役とは言えなかったし、羽田首相も第九回の後には出席していない。

別の言い方をすれば、樋口懇談会は首相の諮問機関ではあったが、その活動は首相の意向および、内閣の交代に影響されることなく、報告書(樋口レポート)作成についても起草委員を中心とする自由な議論が元になったと考えられよう。

起草委員の決定と「五・一一メモ」――「極東」をめぐる議論

懇談会は一九九四年二月二八日に細川首相の出席のもと第一回の会合を開催、その後、八月一二日の最終回まで二〇回を数えた。懇談会のなかでまず注目すべき点は、第八回(四月二七日)の各委員によるメモである。第七回まで議論が進んだことを受けて、四月二七日の第八回懇談会では各委員一人一枚程度のメモを用意して報告することとなった。ここで渡邉はA4用紙二枚に短い文章をまとめている。要約すると、そこには以下のような骨格が示されていた。

一、冷戦後の世界、とくにアジア・太平洋地域の安全保障環境の捉え方：国際安全保障の基本的性格が、米ソ超大国の間の対決(セントラル・バランス)から、より分散的で無構造的な危険に備える必要を中心的課題とするものになった。

二、日本の防衛政策の諸前提：こうした安全保障の質的変化に対処する方法も変化する必要がある。具体的には、国際システムのレベルで安全保障レジームを築くための努力(国連政策)とアジア・太平洋地域での新しい秩序を形成していくための努力(地域政策)、日本の国土と国民の安全を保障するための努力(防衛政策)の三者が有機的に総合されなければならない。歴史的感覚に裏付けられた総合的で能動的な安全保障政策のための知的枠組みを作り出すことが目下の急務である[24]。

要点をまとめると、まず冷戦終結認識について、従来のセントラル・バランスから、より分散的で無構造的な危険の存在への変化を指摘し、これに備える必要を強調したことである。次にこうした冷戦終結認識を踏まえた上で、日本の安全保障について国連レベル、地域レベル、防衛政策という順序で、構想する内容となっていた。

その意味で、渡邉による四月二七日のメモは、その後の樋口レポートの第一章、第二章、第三章の構成を簡潔に示唆していたと言えよう。

続いて五月連休中の六日、メンバーを限定した非公式な会合が帝国ホテルで開かれている。参加者は、樋口、諸井、西廣、渡邉、佐久間一《さくままこと》(当時、防衛庁顧問。元統合幕僚会議議長)他、防衛庁関係者であった。この会合に参加した佐久間は、後に回想のなかで「実質的にここ(五月六日非公式会合)で固めたなという感じ」があったと発言している[25]。佐久間は、何が固まったか明確には述べていないが、この会合でレポートの構成について突っ込んだ議論があり、その上で草案の起草者を渡邉とすることが確認されたという[26]。この非公式会合の五日後(五月一一日)、羽田新首相の参加を得て第九回懇談会が開かれた。ここで渡邉が草案起草者となることが正式に決まり、手続的に一つのステップを踏んだ。この日の会合では、羽田首相の退席後、報告書執筆に向けた具体的な議論が展開されたが、おそらく樋口座長と思われる人物による以下のような発言があった。

> 若干起草委員の方に中身に入っていただかないと……議論のしようがない訳です。だから大変あれですが、……ひとつ起草委員として少しずつ肉付けを御願いします[27]。

この発言に対して委員の中から「そういう運命にあるよ」[28]との声があり、特に反対意見はなく、渡邉が草案起草者となることについて懇談会の承認があった様子が窺われる。なお、この時期以降、レポート草案は各論に入って細部にわたる議論が展開され、レポートの各章ずつの草案にもとづいて委員会による検討が続くことになる。

各論にわたる議論の中でまず確認したい点は、安全保障構想における地域概念をめぐる意見交換である。これは懇談会の第一〇回会合(五月一八日)で行われ、畠山蕃《はたけやましげる》防衛事務次官作成の「五・一一メモ」が叩き台となった。

このメモは、前回の五月一一日に配布済みのものである。この第一〇回会合（五月一八日）の議論で問題となったのは「五・一一メモ」における「極東」という地域概念であった。以下に要約すると、「五・一一メモ」は次のような構成になっていた[29]。

Ⅰ　内外環境の変化
1　国際軍事情勢――「極東」という地域限定的な責任分担から世界すべての地域問題への対応
2　協調的対応を重視（ここに「協調的安全保障を志向する」と書き込みあり）
3　わが国の防衛力（ここに「第三章へ」との書き込みあり）
Ⅱ　危険への対応
1　総合的施策
2　危険に対応するための施策
（1）国連協力等の積極的推進
（2）日米安保の役割及びその強化の必要性
（3）適切な防衛力の保有
Ⅲ　具体的な施策……

「極東」という地域概念は「五・一一メモ」の「Ⅰ　内外環境の変化」のなかで示されており、言うまでもなく、日米安保条約の第六条に明記された「極東」を意味していた。従来、安全保障政策をめぐる国会答弁で、政府側が在日米軍の行動範囲を「極東」とする説明を繰り返してきたことはよく知られた通りである[30]。第一〇回会合では委員のなかから「極東」の範囲が次第に拡大しつつある現状が指摘されていたが、これについて渡邉は以下のように発言している。

私が今、書きながらいろいろ考えている感触から言いますと、今までの議論の中で、非常に特定の意味がついてしまって、その言葉を聞いただけであぁだこうだというふうに反応するようなことはできるだけ避けたいと、避けた方がいいのではないかという気がしておりまして……「極東」という言葉をわざわざここで使えば、あの「極東」かというふうにすぐなってしまうように思うんです。……そういう意味で、今までの日本の防衛の論議の中で特に色のついた言葉は出来るだけ避けた方が多分いいんだろうという気はしておりまして「極東」というのはその一例だと[31]。

つまり安保条約の第六条が規定した既成の地域概念ではなく、新たな環境に即した地域概念を求めようとの意欲を示したのである。言い換えれば、従来から用いられてきた地域概念としての「極東」を相対化する意向であった。

なお渡邉は、すでに第一章のドラフトを書き始めているとした上で、「いろいろおっしゃっていただいても、実際に書くときにはそうは問屋が卸さないと、筆の方が先のことは聞いてくれないということがありますので……注文を付けられますと、どうも筆は一歩も進まないのではないかという感じがいたします」。「例えば、『極東』という言葉は少なくとも、今、言いたいことについては多分私は書かないと思います。……せっかく畠山さんに作っていただいて、……こういう構造の議論の仕方になると思うのですけれども……」[32]と述べていた。

つまり草案執筆は、叩き台としての畠山次官作成による「五・一一メモ」に拘束されることなく、フリーハンドで行うつもりであり、その際、草案に「極東」は書かないであろう、との意思表示であった。ところで「極東」に加えて「五・一一メモ」には次のような部分があった。つまり樋口レポートの章立ての原型と思われる、

Ⅰ（第一章）、Ⅱ（第二章）、Ⅲ（第三章）の構成のうち、Ⅰでは、冷戦後の世界について、「協調的対応を重視」と述べた部分である。この部分に対して渡邉の筆跡で「協調的安全保障を志向する」との書き込みがあった。この部分が、のちに表現を改めて第一章の「協力的安全保障」という概念として定着することが分かる。

さらに、これに加えてⅡ（第二章）の二、では、危険に対応するための施策として、国連協力、日米安保、適切な防衛力という三者が提示されていた。問題は、これらの三者が相互に排他的なものではなく、相互に補完的な機能を持つものとして構想されていたことであった。Ⅱ（レポート第二章）の二については、第一〇回会合でその順序にも関心が集まった。順序に関する議論のなかで渡邉から「この順序は一貫している。まず日本を守る、ではなくグローバル、日米、日本、という順序となる」[33]との説明があったことは、注目すべき点である。何故なら、この部分についてレポート作成の終盤になってアメリカ国防総省関係者の一部から懸念が伝えられ、これが、その後の報道などで注目されたことがあったからである。この点については後述するが、確認できることは第二章のこの部分が「五・一一メモ」という最も早い段階からすでに提示されており、しかもレポート全体の論理構成の骨格を構成していたという点である。加えて、初稿から最終版の完成稿に到っても、この部分には変更がなかった。

続く第一一回会合（五月二五日）で渡邉から樋口レポート草稿のＰａｒｔⅠ（完成版の第一章）初稿が提示され、これをもとに以降の議論は進んだ。この後、議事は大筋で以下のように進行している。

六月一日　（第一二回）ＰａｒｔⅠ（完成版の第一章）第二稿の議論
六月八日　非公式会合（全日空ホテル。樋口、西廣、渡邉、西元など）[34]
（第一三回）ＰａｒｔⅠ（完成版の第一章）第二稿の議論継続
ＰａｒｔⅡ（完成版の第二章）初稿の議論

六月一三日（第一四回）PartⅢ（第三章）の配布と議論
六月二二日（第一五回）PartⅢ（第三章）の議論。防衛庁より説明
六月二七日（第一六回）国連協力と憲法につき内閣法制局及び防衛庁より説明
七月一三日（第一七回）村山新首相の出席。第三章の議論に入る前に総括的な議論
七月二〇日（第一八回）第一章から第三章までの全文（清書版）を議論
七月二七日（第一九回）全文の改訂版を議論
　複数の論点について最終調整を樋口座長に一任
八月二日　非公式会合（樋口、諸井、佐久間、西廣、渡邉の五名で最終稿の確認）
八月一二日（第二〇回）村山首相への提出

一連の経過のなかで、草案の第一章、第二章は懇談会第一二回会合から一三回会合にかけて集中的に議論された。その後は第一七回に第一章から第三章までの草案全体について議論があり、最後に八月二日の非公式会合をはさんで最終的な調整が行われた。後述するとおり、この最終稿で草稿の細部についていくつかの修正があった。

第一章をめぐる議論――「極東」から「アジア・太平洋」へ

懇談会は、第一一回（五月二五日）に予定通り、配布済みであった第一章初稿を議論している。第一章初稿は報告書（樋口レポート）のタイトルを「日本の安全保障と防衛力のあり方――二一世紀へ向けての展望」とし、小見出しはなく七頁ほどの内容であった[35]。この第一章初稿について、いくつかの論点を示しておこう。その際、「五・一一メモ」との比較を念頭に置きたい。

まず、第一章初稿では「五・一一メモ」が「I　内外環境の変化」としたタイトル部分に対して「冷戦後の世界とアジア・太平洋」との表現を充てた点である。これが第一章のタイトルになるが、ここで示唆されている通り、第一章初稿では、「五・一一メモ」が「国際軍事情勢」で「極東」と表現した部分が消え、これに代る地域概念として「アジア・太平洋」が強調されている。前回（五月一八日）の懇談会での発言にあった通り、渡邉には「極東」という地域概念には既成の議論の中で先入観がつきまとっており、この概念を避けたいという方針があった。なお、言うまでも無く「アジア・太平洋」地域概念は、樋口レポートで初めて提起された訳ではなく、むしろ冷戦終結以前から用いられてきたものである。加えて冷戦終結直後に出された「外交青書」三四号（一九九〇年）、「平成三年度防衛白書」（一九九〇年一二月一九日閣議決定）も「アジア・太平洋地域」に言及していた。これらの点を踏まえた上で樋口レポートの起草過程を見て分かることは、まず、この概念が安保条約第六条で明記され、国会答弁で用いられてきた「極東」に代る地域概念として提起された点であった。加えて、この地域概念が、省庁レベルを越えて内閣レベルという高い政治性を帯びた報告書（樋口レポート）に明記されたことであって、この意味は大きい。

地域概念をめぐる議論に続いて、第一章初稿で注目されるのは、冷戦後の世界について「米国を中心とした協調的多極へ向う傾向が予想される」[36]とした点である。続いて「問題は米国が多極的協調のなかでリーダーシップを発揮できるのかどうか」であるとされ、冷戦時代には、「国際的安全保障問題は、冷戦時代には、米ソ間の核の相互抑止を含むセントラル・バランスの推移に焦点を合せたものであったが、今では……分散的で不透明な危険が遍在する無構造な国際秩序そのものがわれわれの安全を脅かすものとなった。……」「危険は遍在しているが、能動的・建設的に行動することにより平和の構造を創り上げるための好機もまたそこに潜んでいるのである」との認識が示されていた。

樋口レポートの第一章初稿が示した冷戦終結認識は、冷戦後の世界を分散的・無構造的な国際秩序と見ており、その後の政策形成過程への影響からみて注目すべきものがある。同時に初稿で「米国を中心とした協調的多極」と表現された内容が、樋口レポートの完成版では「協力的安全保障」という表現となって定着する。この点を改めて確認すると、懇談会の議論のなかで最も早い時期に提起されたのは「協力的安全保障」概念であったと言えよう。初出の段階では、協調的安全保障、協力的安全保障など複数の用語が用いられていたが議論のなかで次第に統一された結果、「協力的安全保障」となった。この概念の初出についてみると、懇談会第二回会合(三月二日)で、すでに渡邉が次のように発言していた。

どこかにアメリカに対抗するような敵がいて、それと張り合わなければいけないという形ではなくて、世界全体が協調する形で新しい秩序を作っていかなきゃいけないという大筋について私は変らないのではないかというふうに思っています……。その意味でいくと従来のセントラル・バランス的な敵対的、競争的安全保障という観点から、共存的、協力的な安全保障という方向に大きく動いている[37]。

つまり樋口レポートにおける「協力的安全保障」とは、冷戦期の特徴であったセントラル・バランス的な敵対的、競争的安全保障という考え方に対し、これに代る機能を強調すべく着想されたものであったことが分かる。この考え方こそが、樋口レポート全体を通底する志向として注目すべき点であった。さらに、この発言のなかの「セントラル・バランス」という表現について、である。つまり「セントラル・バランス」は冷戦期の国際環境を象徴する概念として、冷戦終結認識を展開する上で不可欠の意味を持っていたのである。しかし第一章初稿が議論された懇談会第一一回会合(五月二五日)の席上、委員の中から「一般の人には若干分りにくいのではないか」との意見があり、「セントラル・バランス」に代って「米ソ間の対立」、ないし「超大国の対立」という、やや平板な表現に変更されて落着いた。その結果、第一二回会合(六月一日)で議論された第一章第二稿では「セントラル・バランス」の表現は削除されている。

最後に第一章初稿について、委員の中からこの章の結語に当る部分が「非常に暗い」とのコメントがあった。以下の部分である。


……二〇世紀から二一世紀にかけてのアジア諸国は、かつてヨーロッパ諸国が国家形成の時期に戦争につぐ戦争に明け暮れた歴史を、そのまま繰り返すであろうか。もし、そうなれば、この地域が主要大国の利害の錯綜する場所であることから見て、国際社会全体の安全保障環境が決定的に悪化するきっかけをアジアが与えることになる。その意味で、アジア・太平洋の安全保障の将来の動向は、世界的な意味を帯びているのである……[38]

渡邉は第一章初稿のこの部分について、キッシンジャーを念頭に反論したつもり、と説明し、「私自身はかってのヨーロッパ諸国が国家形成期、一七世紀、一八世紀というのは、年がら年中戦争していた訳ですけれど、そういうことになるよ、というキッシンジャーのウオーニングに対してそんなばかなことはないよ、ということを私はずっと言ってきて……」と補足していた。第一節で触れた通り、この部分は冷戦終結に先立って、冷戦をめぐるヨーロッパとアジアとの位相の差を考察した渡邉論文(一九九〇年)の内容が反映されたものであり、渡邉の持論でもあった。しかし、懇談会の議論では修正されて、やや無難な表現になった。

要するに、樋口レポート第一章初稿においては、従来から用いられてきた安全保障環境に関する「極東」という地域概念を「アジア・太平洋」地域概念へ置き換えた点に最も注目すべきであろう。加えて「協力的安全保障」という樋口レポートの中心的な概念が、この段階で登場したことも見逃すことができない。次に草案第二章をめぐる議論を検討しよう。

第二章をめぐる議論——能動的積極的な安全保障と多角的安全保障協力

懇談会のなかで、草案第二章初稿は第一二回(六月一日)から第一三回(六月八日)にかけて検討された。ここで、草案第一章と第二章がまとまったかたちで提示され、樋口レポートの理論的な骨格となる複数の主要な概念からなる安全保障構想が検討されている。そこで、これらの主要な概念(多角的安全保障協力・能動的建設的な安全保障政策)について委員による議論を検討して見よう。

第二章は第一章で展開された冷戦終結認識にもとづき、世界の安全保障の質的変容を踏まえて日本の安全保障をめぐる見解を示そうとしたものである。まず「能動的建設的な安全保障」が提示され、これを可能にするものとして「多角的安全保障協力」が掲げられた。さらに「多角的安全保障協力」については、具体的に国連レベルの対応と地域レベルの対応とが挙げられており、地域レベルの対応としてアジア・太平洋地域協力が提示された。

この点については以下のようなアジア・太平洋地域における現実的な展開が関わっていた。つまり、これまで多国間フォーラムに対し消極的であったアメリカが、この立場を次第に変えはじめたのである。アメリカは従来の二国間条約レジームを弱体化する懸念のもと、多国間協力には必ずしも積極的ではなかったが、冷戦終結後、ASEAN地域フォーラム(ARF)構想について理解を示し始めたことが指摘されている[39]。その結果、まさに樋口懇談会が進行するペースと平行的にARFの設立準備が進むこととなった[40]。ARFの正式発足は、樋口レポート提出の約一カ月前となる一九九四年七月のことであった。つまり懇談会の議論とほぼ同時並行的に、アジア・太平洋地域においてARF設立への現実的な展開が見られたのである。こうした経緯を踏まえて、懇談会第六回会合(四月一三日)では委員の中から以下の指摘があったことは興味深い。

ＡＳＥＡＮリージョナル・フォーラムというのは今年始めてそういうものをやろうということだそうですので、まずはいきなり非常にコンテンシャスな紛糾するような問題を持ち出しても物事がすすまない……。まずはあまりアンビシャスにならずに……[41]

上記の発言に見られる通り、発足後のＡＲＦの機能が充実する段階までには相当の年月が必要であろうとの予想があった[42]。

ここで確認しておくべきは「多角的安全保障協力」を正統化する根拠として、樋口レポート第二章は、冷戦後の世界が冷戦期の軍事的対決を軸とする安全保障とは質的に異なっている、という点を挙げたことであった。国際社会が、こうした質的変化を遂げている事態のもと日本の安全保障の転換を図る上で「多角的安全保障協力」が提唱されたのである。加えて、この認識との関連で国連と憲法との整合性をめぐる議論が導かれる。それは第一七回会合(七月一三日)のことであった。

第一七回会合では、樋口レポート第一章から第三章までの草案全体についてまとまった議論が行われた。それは、この会合に村山新首相の出席があったことと関わっている。このとき、草案起草者の渡邉から村山首相に向けて草案全体の補足説明が行われた。渡邉はまず、日米安保の意義についての次のように述べている。

私個人の考え方ですけれども、東西冷戦解消後の日本の安保の考え方として、やはり日本の周辺に核を持った軍事大国がたくさんある訳です。そういうものがある以上は、そしてまた日本が核武装するとか、軍事大国になるという考えでない以上は、やはり日米安保というのはむしろ今後は日本のサイドからより強化していかなくちゃいかぬということが一つあるんだろうと思うんです[43]。

さらに渡邉は「能動的積極的な安全保障」について以下の説明を加えた。

> ……防衛とか、安全保障についてもやはり変化ということが求められていると思っております。……そう劇的な変化があるべきものではないと思っているんですが、私は考え方の点で（傍点――河野）かなり大きく変えなきゃいけないのではないか。……つまり、何が出来るのか、何をなすべきなのか、というところから物を考えていかなきゃいけないのではないだろうか。国際社会をどういう方向に持っていこうとするのかというふうな積極的な考え方。それを能動的な考え方と言っていいかもしれません……。能動的とか積極的というふうな言葉を使いますと、ややもすると誤解を受けて、何かそこらじゅうに行って腕を振り回すというふうな意味のことをお考えになる方もいらっしゃる訳ですが、私どもが能動的と言っているのは決してそういう意味ではございません。……事態が悪くならないうちに前もって考えていくということと、それからどのような方向へ国際社会を持っていこうとするのか、という構えのようなことが必要ではないか。

渡邉は「能動的積極的な安全保障」について補足した後、次のように国連と日本国憲法に関する自身のスタンスを表明している。

> 国際社会全体の流れは、国際紛争解決の手段として武力行使を禁止するという方向に動いている訳でありまして、国際連合憲章にも書いてあるとおりでございます……
> ……その意味で言えば、私は日本の現在持っている憲法というのは決して異例なものではなくて、むしろ一般的な国際的なルールというものの上に乗っていることである。したがって憲法九条があるから日本が非常に特殊な立場になっているという考え方はやめた方がいいのではないだろうか。

ここで論じられた国連と憲法九条との関連は、樋口レポート作成の最終段階で改めて問題となる。首相出席のもとで展開された、懇談会第一七回会合での渡邉の補足説明からは総じて、社会党委員長としての首相に対し日米安保条約の意義および、樋口懇の使命が安保重視であることについて理解を得ようとの姿勢が窺われる。この後、七月後半に入り樋口レポートは、ほぼ完成稿に近い内容が固まっている。この段階で章立て、節立てともに最終稿の骨格が出来、その後は修文をめぐる微調整に入った。

最終的な調整——七月二九日から八月二日

懇談会は第一九回会合（七月二七日）[44]でレポートの草稿「三訂稿」（七月二七日）を検討した後、以下の三点について、意見交換があった。まず、PKF本体業務凍結の解除に関する部分である。

三訂稿では、第二章の二で「（PKF）本体業務の凍結規定は早急に解除されなければならない」[45]としていたが、この部分について委員の中から、政府は「慎重に検討されるべきだ」との立場であることが伝えられたのである。これを受けて、委員の中から「……凍結は早急に解除されることが望ましい」との表現が提案された。これに対して「非常にデリケートなところだから、最終的には座長一任で処理」する、との提案があり、これが諒承された。

次に憲法と国連との関係である。これについては第一七回会合（七月一三日）に渡邉から補足説明があったことは前述した。その後、第一九回会合（七月二七日）で検討された草案「三訂稿」では、第二章の第二節で、国連憲章の第二条第四項の規定を引いた上、「日本国憲法の戦争放棄の規定は、国際的に共通に理解されている一般の原則の再確認であって、決して異例のものではない」[46]と述べていた。これに対して出席者の中から、「そもそもこの懇談会が始まりましたときに、憲法問題については余り踏み込まないでいこうという大方の合意があった」ように思う、との発言が出たのである。さらに「憲法解釈問題、あるいは憲法改正問題に深入りしないという了解があったとすれば、あえてここは書く必要がないんじゃないか」との疑問も出された。すなわち、第二章第二節の、国連憲章との関連で憲法解釈に言及した部分は不要ではないか、との提案であった。

これについて渡邉は、「憲法を改正するという議論はしない、ということであって、現在の憲法の解釈のなかでぎりぎり何ができるかという線で議論をしようというのが共通の理解であった」と答えている。この意見交換を見ると、憲法改正には踏み込まない、との当初の合意があった上でなお、憲法解釈への「踏み込み方」について懇談会の内部で微妙な温度差があったことが窺われる。この点も最終的に座長一任として最終案文作成に臨むことが承認された。

こうした経緯を踏まえ、懇談会の第一九回(七月二七日)から最終回の第二〇回(八月一二日)までに、起草者の渡邉と樋口座長を含む少数の委員の間で最終調整が行われることとなった。まず坪井龍文内閣安全保障室長から渡邉宛に郵送された七月二九日消印付封筒に入った草稿がある[47]。これは八月の非公式会合における議論の準備資料として送付されたもので、前稿と比較すると、先に議論となった国連憲章に言及した部分に変更が生じていた。

すなわち「国連憲章第二条第四項」に始まる七行分が削除され、ここに渡邉の手書きで以下のように加筆されている。

国連加盟国のすべてが『武力による威嚇又は、武力の行使を慎むこと』を、国際社会全体に対して誓約しているのであり、日本国憲法第九条の規定もその精神においてこれと合致している[48]。

つまり、国連憲章と日本国憲法との整合性を強調する部分が削除され、ごく簡潔な表現に置き換えられたのである。なお、この部分は最終稿に手書きで挿入され、その末尾に「佐久間委員、西廣委員、渡邉委員」と記入されていた。

同じく坪井安全保障室長から、その後、懇談会メンバーへ送られた文書で、八月二日の非公式会合で最終稿が合意されたことが伝えられている[49]。

最後に「国際公共財」への言及を見よう。樋口レポートの最終版（製本版）には、第三章第一節の「国連平和維持活動の強化と自衛隊の任務」のなかで「国際公共財」についての次のような言及がある。

そのほか自衛隊の施設を平和維持活動のための訓練センターや物資装備の事前集積などの目的に使用することや他国の行う平和維持活動に必要な装備品を日本が供与したりすることも積極的に検討されてよい。こうした措置は平和のための国際公共財の提供という意味をもっている[50]。

この部分についての初出と思われるのは、日付はないが五月六日のものと推測される渡邉の次のような手書きメモである。

国連の平和維持活動に利用するための装備を日本が提供すること（国際公共財の提供）[51]

国際公共財については、当初、第二章の第二節、多角的安全保障協力の箇所で「自衛隊の施設を国連平和維持活動のための訓練センターや物資・装備の事前集積などの目的に使用することや、他国の行う平和維持活動に必要な装備品を日本が供与したりすることも、積極的に検討されてよい。こうした措置は平和のための国際公共財の提供という意味をもっている」[52]と述べられていた。草稿第一章と第二章に関する懇談会の議事録を見る限り、日本の役割について国際公共財提供と表現することに反対する議論はなかったようである。ただし、理由は不明であるが、完成稿となった樋口レポートにおいては、第二章に記されていた部分が削除され、文章が一部変更された上で第三章に移されていた。

3　アメリカの関心——懸念と同調

樋口レポートの内容について、その公表の前後からアメリカが強い関心を寄せていたことは知られている。アメリカの関心が寄せられた時期は、大別すると、レポート完成直前の段階(一九九四年七月後半)と、公表後(一九九五年二月)の二回である。まず、完成前の動きは、アメリカ国防総省関係者の中から寄せられた懸念であった。次に完成後、国防総省次官補のジョセフ・ナイを中心とするグループからの関心である。このアメリカから寄せられた懸念を分析していこう。

樋口レポート作成の最終段階に入った七月二一日頃から二六日頃にかけて、レポートの内容についてアメリカ国防総省関係者が懸念を持っていることが渡邉に伝えられていた。それは、レポートの構成として第二章の政策の枠組みの部分が、多角的安全保障協力‐日米安全保障協力‐効率的な防衛力の保有という順序になっている点を懸念したものであった。つまり、この部分の順序は日本が国連など国際システムによる多角的安全保障を、日米安保よりも重視している、という印象を与える可能性がある、というコメントであった[53]。

ところが、国防総省関係者の懸念が伝えられた後に作成された樋口レポートの三訂稿(七月二七日)でも、第二章のこの部分には変更が加えられていない[54]。さらに八月二日に確認された最終稿でも、この部分には変更がなかった。かねて、アメリカからの懸念がレポートの内容に影響を与え、完成直前の草稿が大きく変更されたのではないか、との見方があったが、この見方については再検討の余地があると言えよう。アメリカから伝えられた懸念の影響力は、レポート作成過程全体のなかで、従来やや過大に評価されてきた可能性がある。

アメリカ国防総省関係者のコメントについて、それが誤解であるという認識は懇談会メンバーのなかからも出ていたようである。佐久間一（防衛庁顧問）は、後にインタビューの中で、次のように述べている。

（私は——河野）グローバルに世界を見て、その中の日米同盟はどうすべきか、そしてそれに基づく日本の政策はどうすべきか、という順序で書くべきだ、ということを言った……。それがアメリカの誤解の一つの要因になったというのは事実……[55]

次に、もう一つの米国からの関心は「東アジア戦略報告書（ナイ・レポート）」に現われたものである。渡邉によると、クリントン政権発足後、国防総省内部で冷戦後の安全保障環境のもとで日米安全保障関係に明確な作業を打ちだす作業が一九九四年夏頃から始まっていた。この時点で東京から発表されたものが樋口レポートであり、その後の一九九五年二月にワシントンで公表されたナイ・レポートには、アジア・太平洋の多角的安全保障協力の意義を認めた部分があった。つまり、ナイ・レポートには樋口レポートの主張に同調する部分があったのである[56]。実際、ナイは、樋口レポートのどこに問題があるのか、ちっとも分らなかった。むしろ心強かった、と語ったとされている[57]。その意味では、その後（一九九六年）に出された「日米安全保障共同宣言」は、ワシントンと東京との相互作用であったとの見方があるのも理由のないことではない[58]。樋口懇談会にオブザーバーとして参加した防衛庁の西元徹也が、樋口レポートとナイ・レポートは、日米それぞれの同時並行的な日米安保体制再確認だったと理解していたことも注目すべき点である[59]。

これらの点を考えると樋口レポートが構築した一連の安全保障構想については、その全体的な理解が今後、一層求められるのではないだろうか。

おわりに

本章が検討してきた樋口レポート第一章、第二章の作成過程から何が見えてくるのか。樋口レポートが、その後の安全保障構想の展開に対して先駆的な役割を果したとすれば、それは、どのようなかたちであらわれたのであろうか。まず一九九六年四月に東京で公表された「日米安全保障共同宣言」[60](以下、「共同宣言」と略記)との関連を考察してみたい。「共同宣言」は、冷戦終結後の世界について、以下のように述べている。

冷戦の終結以後、……アジア太平洋地域は……最も活力のある地域となっている。しかし同時に、この地域には……不安定性及び不確実性が存在する。

このように、「共同宣言」の世界認識には、樋口レポートにおける冷戦終結認識と共振する部分が確かにある。注目すべきは、その策定に関わった田中均北米局審議官の認識である。田中審議官はのちに刊行した著書で「共同宣言」に触れているが、そのなかで「共同宣言」の文中に「アジア・太平洋」という表現が多用されていることを指摘し、その上で次のように述べている。

冷戦時代に(外務省で――河野)安全保障に携わり与野党対決の国会論戦をくぐりぬけてきた人たちなら絶対に「アジア・太平洋」という言葉は使わなかった。彼等が使ってきたのは、「極東」だった[61]。

このように述べた田中は、「共同宣言」を起草するにあたって、安保条約は「極東」のみならずアジア・太平洋地域の安定に政治的な役割を果してきた、ということだけは書かなければならない、と考えたという。田中審議官が「アジア・太平洋」という地域概念に対して「極東」に代替するはたらきを見いだしている点に注目したい。この発想こそは、樋口レポートの第一章草案をめぐる懇談会の議論の中で、防衛庁作成の「五・一一メモ」に対して、渡邉が力説したことに極めて近いからである。

次に、樋口レポートについて、その後のナイ・レポートとの関係性のなかで考えてみたい。ナイ・レポートは、樋口レポートに対するアメリカの憂慮によって生じたのではなく、むしろ両者は冷戦後の国際秩序に関する認識をほぼ共有していた。その後の日米安保共同宣言に至る一連の対応は、冷戦終結後に改めて同盟の再構築を図ろうとし、同盟という概念に更なる正当性を付与することを共通の前提としていたのである。ここに、当時の日米両国内の一部に生じていた平和の配当論への強い懸念があったことは言うまでもない。つまり樋口レポートは、冷戦終結が即、日米安保体制の見直しには繋がらない、という現実を提示したところに、その先駆的な意味があったと言えよう。実際、樋口レポートは、冷戦終結後の国際秩序が「分散的で予測困難な危険が存在する不透明な秩序」であるとし、とりわけ、レポートの最後で「新しい国際秩序の形成に関して共通の目標を持っている日米両国間の絆は、むしろ、これまでよりもいっそう重要性を増す」[62]ことを展望したのである。ここで両国の共通の価値が強調されたことの意味は大きい。これを踏まえて、その後のナイ・レポートが「東アジアにおける米軍一〇万人体制」の維持を改めて提起したのである。

ところで、こうした一連の同盟再構築の試みのなかで、ジレンマとなったのは沖縄であった。大田昌秀沖縄県知事が、ナイ・レポートの「米軍一〇万人体制」のなかに、沖縄における米軍基地の長期固定化の可能性を見出したのは、その現れに他ならなかった[63]。平和の配当に向けた沖縄からの要請は、知事による軍用地継続使用のための代理署名拒否という具体的な行動を生じ、その結果、沖縄の米軍基地は翌一九九六年三月には一部で使用期限が切れることが懸念されることになったのである。橋本龍太郎首相がクリントン大統領との日米安保共同宣言を発表する五日前の同年四月一二日、普天間基地返還に関する日米合意を発表したのは、こうした文脈の中で理解すべき事態であった。このとき、アメリカは「県民の負担軽減という正当な要請と、安保体制堅持との両立について、日本政府が国民の理解を得ること」[64]を、同盟国日本の責任と考えていた、と述べたのは共同宣言策定に関わった栗山尚一元駐米大使であった。この同盟国日本の責任は、おそらく現在に至るまでなお存続していると言えよう。

註

1——本章では内閣安全保障室「防衛問題懇談会議事録」および、参考資料を用いた。議事録は基本的に発言者の個人名を表記していないが、参考資料と照合することで一部、発言者名が特定できる部分がある。議事録と参考資料を研究のために提供して下さった渡邉昭夫先生に感謝したい。

2——内閣官房内閣安全保障室編、防衛問題懇談会『日本の安全保障と防衛力のあり方——二一世紀へむけての展望』一九九四年。

3——主な先行研究としては以下を参照。秋山昌廣『日米の戦略対話が始まった——安保再定義の舞台裏』亜紀書房、二〇〇二年。船橋洋一『同盟漂流』岩波書店、一九九七年。佐道明広『自衛隊史論——政・官・軍・民の六〇年』吉川弘文館、二〇一五年。柴田晃芳『冷戦後日本の防衛政策——日米同盟深化の起源』北海道大学出版会、二〇一一年。

4——佐竹知彦「日米同盟のグローバル化とそのゆくえ」添谷芳秀編著『秩序変動と日本外交』慶應義塾大学出版会、二〇一六年。

5——「日米安全保障共同宣言」については、宮岡勲「沖縄返還後における日米関係の周期的変動」竹内俊隆編著『日米同盟論』(ミネルヴァ書房、二〇一一年)を参照。

6——秋山、前掲書『日米の戦略対話が始まった』。

7——栗山尚一『日米同盟——漂流からの脱却』日本経済評論社、一九九七年。田中均『外交の力』日本経済新聞社、

二〇〇九年。なお伊奈久喜『戦後日米交渉を担った男　外交官・東郷文彦の生涯』（中央公論新社、二〇一一年）には近年の外務省に、東郷文彦をはじめとし栗山尚一を含む安保条約を重視する立場と、田中均に代表されるもう一つの立場があるとの極めて興味深い指摘があり、本稿作成上、多くの示唆を受けた。本稿執筆中に伊奈氏の突然の訃報に接し、全く言葉もなかったことが記憶に残っている。

8――渡邉昭夫インタビュー（二〇一一年五月三〇日）。

9――同上。

10――同上。

11――渡邉昭夫「冷戦後の米中ソ関係と日本外交の選択」（一九九〇年）。その後『アジア・太平洋の国際関係と日本』（東京大学出版会、一九九二年）に収録された。

12――同上、二八頁。

13――同上、四〇頁。

14――同上、四五頁。

15――同上、四六～四七頁。

16――同上、四七頁。

17――渡邉昭夫「アジア・太平洋における新秩序の模索」『アジア・太平洋の国際関係と日本』（東京大学出版会、一九九二年）。

18――同上、二～三頁。

19――同上、四頁。

20――同上、二一～二二頁。

21――秋山、前掲書、三四頁。

22――内閣官房内閣安全保障室編、防衛問題懇談会『日本の安全保障と防衛力のあり方――二一世紀へむけての展望』一九九四年。

23――「第九回議事録」一六～一七頁。

24――「四・二七メモ」（参考資料）。

25――防衛省防衛問題研究所戦史部『佐久間一オーラル・ヒストリー　元統合幕僚会議議長』二一五頁。

26――秋山、前掲書、三八頁。
27――「第九回議事録」三八頁。
28――同上。
29――「五・一一メモ」（参考資料）。
30――伊奈、前掲書、二〇九～二一〇頁。
31――「第一〇回議事録」一一頁。
32――同上、八頁。
33――同上。
34――防衛省防衛問題研究所戦史部『西元徹也オーラル・ヒストリー　元統合幕僚会議議長』二〇一頁。
35――「第一章初稿」（参考資料）。
36――同上。
37――「第二回議事録」一七～一八頁。
38――「第一章初稿」（参考資料）。
39――大庭三枝『重層的地域としてのアジア』（ミネルヴァ書房、二〇一四年）一〇四頁。
40――高埜健「ＡＳＥＡＮ地域フォーラムと日米関係」竹内俊隆編著『日米同盟論』（ミネルヴァ書房、二〇一一年）三八八頁。
41――「第六回議事録」一九頁。
42――「第一章初稿」（参考資料）。改めて別の言い方をすれば、渡邉論文（一九九〇）の政策アイディアは、ＡＲＦ発足で部分的に実現したとみることもできる。
43――「第一七回議事録」一二頁。
44――「第一九回議事録」。
45――「日本の安全保障と防衛力のあり方――二一世紀へ向けての展望」三訂稿（一九九四・七・二七）（参考資料）。
46――同上、九頁。
47――「日本の安全保障と防衛力のあり方――二一世紀へ向けての展望（06-7-29見え消し版）」（参考資料）
48――同上（参考資料）。

49――「防衛問題懇談会の報告案について」(6―8―2)(参考資料)。
50――内閣官房内閣安全保障室編、防衛問題懇談会『日本の安全保障と防衛力のあり方――二一世紀へむけての展望』第三章、一九九四年。
51――参考資料。
52――「三訂稿」(参考資料)。
53――「アーミテイジ元国防次官補のコメントについて」(参考資料)。
54――前掲、「三訂稿」(参考資料)。
55――防衛省防衛問題研究所戦史部『佐久間一オーラル・ヒストリー　元統合幕僚会議議長』二一九頁。
56――渡邉昭夫「日米安全保障関係の新展開」『国際問題』一九九八年三月、二五頁。
57――船橋洋一『同盟漂流』下巻二七頁。
58――前掲、渡邉論文。
59――防衛省防衛問題研究所戦史部『西元徹也オーラル・ヒストリー　元統合幕僚会議議長』。
60――「日米安全保障共同宣言」「外交青書」四〇号(一九九六年)二三七～二四〇頁。
61――田中均『外交の力』(日本経済新聞社、二〇〇九年)八八頁。
62――内閣官房内閣安全保障室編、防衛問題懇談会『日本の安全保障と防衛力のあり方――二一世紀へむけての展望』一九九四年、二九頁。
63――宮城大蔵・渡辺豪『普天間　辺野古　歪められた二〇年』(集英社、二〇一六年)二八～四七頁。
64――栗山尚一『日米同盟　漂流からの脱却』(日本経済新聞社、一九九七年)二三五頁。

第5章

冷戦終結と日本の安全保障構想

――防衛問題懇談会の議論を中心として

TAIRA Yoshitoshi
平良好利

はじめに

米ソ冷戦が終結して国際環境が大きく変わるなか、日本はみずからの安全保障政策を根底から考え直さざるをえない状況下に置かれることになる。この重要なテーマに取り組んだのが、細川護熙《もりひろ》首相の私的諮問機関として設置された防衛問題懇談会である。同懇談会は、座長にアサヒビール会長の樋口廣太郎を据え、メンバーには秩父セメント会長の諸井虔《もろいけん》(座長代理)、元防衛次官の西廣整輝、元駐米日本大使の大河原良雄、元統合幕僚会議議長の佐久間一《まこと》、元大蔵省財務官の行天豊雄《ぎょうてんとよお》、元通産次官の福川伸次、青山学院大学教授で元東京大学教授の渡邉昭夫、そして上智大学教授の猪口邦子を選任して、一九九四年二月に発足する。この九名の顔ぶれをみてもわかるように、実に各界から錚々たる人物が集められた。特に、「ミスター防衛庁」と言われた西廣や、海上幕僚長から自衛隊のトップになった佐久間や、国際政治学者の渡邉などが加わったことは、安全保障問題に関する実務レベルと学問レベルの最高峰の面々が参加したことを意味する。

同懇談会は発足から僅か半年のあいだに二〇回におよぶ会議を開き、九四年八月に『日本の安全保障と防衛力のあり方――二一世紀へ向けての展望』と題する報告書を完成させ、これを首相に就任したばかりの村山富市に提出する(この間、首相は細川から羽田孜、そして村山へと変わっていた)[1]。座長の名をとって通称「樋口レポート」と呼ばれたこの報告書は、そのタイトルが示すように、まさに「二一世紀」という時代を射程におさめ、冷戦終結後の「日本の安全保障と防衛力のあり方」を構想するものとなっていた。

同報告書の草案を起草した渡邉昭夫は、二月二八日に開かれた第一回会議において、次のように述べている。「戦後日本の安全保障政策、防衛政策の前提を成してきた考え方というものを、改めて考え直すべき時期にきているのではないか」[2]。また、草案を起草する前に懇談会に提出したA4二枚のメモにおいても、「冷戦後の安全保障問題に関する知的空白が、われわれが当面する最大の危険である」と書き記している[3]。このことからわかるように、渡邉にとっては冷戦後の日本の安全保障に関する「知的空白」こそが最大の問題であり、新たな状況に応じた「知的枠組みを作り出す」ことが重要だったのである。

本章では、渡邉のいう「知的枠組み」に注目して、防衛問題懇談会がこの「知的枠組み」をめぐってどのような議論を展開したのかを考察すると同時に、その議論の末にまとめられた報告書がいかなるものであったのかを検討してみたい。とりわけ、日本の安全保障政策の重要な柱となっていた日米安保体制について、同懇談会がどのような議論をし、またどのように位置づけようとしたのかを分析してみたい。そして、同懇談会の議論と報告書が、現在の我々にとってどのような意味を持ち、またどのような知的課題を与えてくれるのかを考えてみたい。

1 日米安保体制の意義をめぐって

外務省の説明

防衛問題懇談会で冷戦終結後の日米安保体制の意義について議論されたのは、四月一三日の第六回会議においてである。同会議では、最初に外務省の時野谷敦《ときのやあつし》北米局長がその意義について説明するが、これに対して懇談会メンバーからは、不満や疑問が出されることになる。

説明にあたった時野谷は、米ソ冷戦の終結によって「ソ連の脅威を抑止する」という意味での日米安保体制の存在意義はなくなった、と述べつつも、日本を取り巻く環境はそれでも「不安定」でありまた「不確実」である、と説明する[4]。すなわち、大量の通常兵器と核兵器をもったロシアと中国の存在、北朝鮮の動向、アジア・太平洋地域における地域紛争の可能性、そして大量破壊兵器とミサイルの拡散可能性などによって日本を取り巻く環境は「不安定」「不確実」である、というのである。

これを踏まえて時野谷は、日米安保体制の意義について、次の五点を挙げて説明する。まず第一は、「日本の安全」にとって必要な抑止力を提供している、という点である。同省によれば、これまで日本が「非核三原則」を維持し「専守防衛」に徹することができたのは、アメリカが「核の傘」と「攻撃的能力」を提供してくれたからだ、というのである。よって日本としては、今後も日米安保体制という枠組みが必要である、というのが同省の見解であった。

第二の意義は、「極東の平和と安全にとって必要な米軍の存在の枠組みを提供」している、という点である。「極東の平和と安全なくして日本の安全は万全を期し得ない」と述べる同省は、日米安保条約第六条こそ、この「極東の平和と安全」を図るために軍事施設を米軍に提供している、と説明するのである。

これら二つの意義は日米安保条約の第五条と第六条から出てくるロジックであるが、第三の意義として外務省は、日米安保体制がアジア・太平洋地域の「安定材料」になっている、と指摘する。すなわち、アメリカの存在が軍事のみならず政治や経済など様々な面で同地域の「バランスの維持」に貢献しており、そのアメリカの存在を確保するために「不可欠の手段」こそが、同体制である、というのである。

第四の意義として外務省は、他の領域における日米間の対立を緩和させるものとして、これを持ち出している。すなわち、現在の日米間には深刻な経済摩擦があるものの、全般的な協力関係が「保たれている」のは、日米安保条約を基盤とする政治・安全保障上の関係が両国間にあるからだ、と訴えるのである。

そして第五の意義として同省は、いわゆる〝ビンの蓋〟に関わることに言及する。すなわち、日本としては日米安保体制が存在することによって他国に脅威を与える「軍事大国」にならないことを近隣諸国に示すことができ、その信頼性を基盤にしてこれら近隣諸国との関係を安定的に発展させることができる、というのである。

西廣整輝の見解

こうした外務省の説明に対して懇談会メンバーの猪口邦子は、「当然こういう議論をしていると、安保体制というのは当然の前提というふうにも思うんですけれども、しかし、…いろいろな方に話を聞くと、必ずしも全面的な支持がある訳ではないということを不安に思っている」[5]という感想を漏らす。これを引き取って元防衛次官の西廣整輝は、外務省の説明に対して次のように厳しく意見する。「私は今、日米間で日米安保の意義というのは確実に低下しているというように思っておる訳です。…ソ連という共通の怖い敵がいなくなったということによって、日米安保のありがたさというのは全く低下してしまっているのではないか…例えば総理と大統領が会う、あるいは大臣同士が会われる。そのたびに日米安保というのは重要だというふうに繰り返し言われておりますけれども、それは重要だと言っておるだけで、南無阿弥陀仏と言っておるのと同じなんです。…今日、御説明を伺って、…相変わらず冷戦的な思考から抜け切れていないのではないかと思う訳です」〔6〕。

西廣が「冷戦的な思考から抜け切れていないのでは」と指摘した点は、外務省が大量の通常兵器と核兵器をもったロシアと中国の存在や北朝鮮の動向を理由に挙げて、日米安保体制の意義を説明している点である。西廣はいう。「ロシアであるとか、中国であるとか、あるいは北朝鮮といったような体制を異にしている国、あるいは体制を異にしていた国といったものに対する脅威というもの〔は〕…今、確実に下がりつつある」〔（ ）は平良。以下、同じ〕。つまり西廣は、日本に対する脅威が「確実」に低下しているなかで、それを理由に安保体制の意義を説くことは困難であり、説得力に欠ける、というのである。

西廣がこのように述べたのは、彼自身のアジア情勢に対する認識があった。冷戦終結後の国際情勢について議論した第二回会議で彼は、次のような認識を披歴している。「今の東アジアの状況から見れば、極めて安定している。…朝鮮半島のような問題がありますけれども、安定している。そのゆえんは何かと言えば、各国が恐らく、それぞれの国の国家目標の第一の柱に経済発展なり生活向上を据えているからだと思うんです」〔7〕。

このように日本に対する脅威は低下していると述べる西廣は、外務省が説明した第四の理由、すなわち日米安保体制が日米間の経済摩擦を緩和している、という説明にも疑問を呈し、次のように言う。「〔アメリカが〕日本に何か物を、武器を買ってほしいという場合も、かつてはこの種の脅威がある、…そのためにこの装備を持ってくれないかというようなことだった〔が〕…最近はどうもそうではなくて、…とにかく何か高いものを買ってくれというような話になっております」〔8〕。つまり西廣の認識は、貿易摩擦によって生じた日米間の対立を日米安保体制が和らげているのではなく、むしろその「後始末」をさせられているという認識である。

このように外務省の説明を真っ向から批判した西廣の不満を一言で言えば、同省がいまだ冷戦時代の思考枠組みから抜け切れず、内向き、後ろ向きの議論に終始している、という点にあった。つまり、これらの説明だけでは日米安保は単なる「ビンのふたとしての役割だけになってしまう」、というのが彼の批判であった。

ただ、そうしたなかで西廣が「唯一」外務省の説明で「評価」したものは、同省の挙げた第三の理由、すなわちアメリカの存在がアジア・太平洋地域における「バランスの維持」に貢献している、と述べた点である。西廣は、同省の説明が「非常に漠然」としたものであることに不満を抱きつつも、一応この点に触れたことを評価しているのである。

アメリカを「バランサー」として高く評価するのは当時の西廣の持論であったらしく、彼は一九九一年七月に開かれた自民党の軽井沢セミナーにおいて、次のように述べている。

アメリカには東アジアのバランサーとしての役割があります。東アジアにはソ連、中国、日本という有力な国があります。この中の一国が強くなり過ぎても、弱くなりすぎても東アジアの安定はのぞめない。やはりバランス、三者てい立状況がいちばんいいわけです。

例えば、日本と中国を比べてみますと、…中国は日本の十倍もの軍事力を持っている。核を含めれば千倍以上の破壊力を持っているかもしれません。ところが、日米安保がありますから、日本は中国の軍事力をあまり気にしなくて済んでいる。

もし日米安保がなくなりますと、日本と中国は、お互いの軍事力を直接比べ合い、疑いをもったり、懸念したりするようになるでしょう。…したがって、日米安保などの冷戦時代にできた安全保障上の仕組みは、我々にとって今後も引き続き必要であると確信しております[9]。

「日本はアジア地域で覇権を求めていない」し、また「ロシアや中国が覇権を握ることも望んでいません」[10]と述べる西廣は、アメリカがこの地域で「バランサー」としての役割を果たすことを日本としては積極的に「支援すべき」[11]と力説するのである。

このようにアメリカが同地域にコミットすることで日中ロの力のバランスが保たれるとする西廣は、それを前提にして、この地域の不安定要因に対処する在日米軍の役割を高く評価する。彼によれば、米ソ冷戦の時代から在日米軍は、「ソ連と直接対決するというよりも、東アジア全体、あるいは東南アジア、さらにはインド洋から中近東まで含めた広い地域に存在するさまざまな不安定要因、不確実に備え、何か問題が起きたときにいち早く対応することを重要な任務」としてきた、というのである[12]。だから冷戦が終わっても、米軍のプレゼンスは「引き続き必要」であり、「世界の地域的な安定、秩序維持に大きな役割を果たしているアメリカの駐留に対して我々はもっと強力に支援し、協力しなくちゃいけない」[13]というのが、彼の見解であった。防衛問題懇談会第六回会議で西廣が、日米安保条約の第六条、すなわち極東条項を取り上げて、日米安保の果たすべき役割として「極東という範囲そのものが狭いのではないか」[14]と述べたことは、以上の文脈を踏まえれば、よくわかる。

しかしここで興味深いのは、西廣がアジアにおける力のバランスや地域的な不安定要因にのみ関心を示していたのではなく、二〇年、三〇年先の「人類」や「地球」が直面するリスクをも視野に入れて、同盟関係のあり方を考えていたということである[15]。安全保障と経済とのかかわりを重視する西廣は、とりわけ人口問題に注目し、今後世界の人口急増に伴って生ずる様々な混乱や紛争の可能性(たとえば資源や市場をめぐる各国間の対立など)を指摘している。そして彼は、こうした問題はヨーロッパよりも先にアジアで顕在化するとした上で、今後日本はどのような立場にたってこれに対応すべきかを根本から問うのである。

すなわち、懇談会第二回会議で西廣は、次のように述べる。「〔日本は〕アメリカと結んで、あるいは先進国と結んで、先進国の立場というものをきちっと守りながら科学技術の革新をやっていくなり、あるいはライフスタイルの変更をやっていくなり、そういったことに力をそそいでいくのか。〔それとも〕南の中にどっぷりつかって、中国にのみ込まれるつもりで、その中で生き残っていくのか」「〔あるいは〕どこか東シベリアのところと組んで、自給自足のこじんまりとした生き方をしていくのか」。このように根源的な問いを投げかけた西廣は、その地点から、「同盟というのは、非常に長い目で見て、あるいは解決不可能な問題まで含めて共同してそれにチャレンジしているという体制になければ…続かない」と力説するのであった。

以上の西廣の見解をまとめると、アジア地域の安定のためには「バランサー」としてのアメリカの存在が何よりも必要であり、その前提に立って日本はアメリカをはじめとする先進諸国と「協調」してアジアの経済発展を「支援」すべき、というものであった。そして、中長期的には「資源、市場等の問題から経済の停滞、行き詰りが予測され、それに伴う混乱、紛争」が生起する可能性が高いので、先進諸国はこれらの問題に協力して取り組む必要がある、というのが彼の主張であった[16]。

ともあれ、西廣の見解を聞いた猪口は、「やはりここで日米安保体制の再度の理論武装が必要な時期に来ている」という感想を述べるとともに、この「一番重要なところをたな上げ」にしたまま細部についての議論を深めることに、注意を呼びかけている[17]。

かくして、この日米安保体制の意義づけを含めた日本の安全保障政策の新しい「知的枠組み」の構築に取り組んだのが、樋口レポートの起草者である国際政治学者の渡邉昭夫であった。

2　樋口レポート草案とそれをめぐる議論

多角的安全保障協力と日米安全保障協力

渡邉の見解は、本人の起草した樋口レポート草案によく示されているので、それを中心にみていくことにしよう[18]。まず彼は、米ソ冷戦終結後の安全保障環境の変化について、「主要国間の直接的な軍事衝突」は「大幅に低下する傾向」にある、と指摘する。そして、今後は「国際政治経済の争点」をめぐって「多極的で競合的な状況」が「強まる可能性」はあるものの、「軍事的な意味での古典的なバランス・オブ・パワーのゲームが始まるとは思えない」と述べるのであった。

安全保障環境の一つの「現実的基礎」となるのは「力の分布」であると考える渡邉は、ソ連の崩壊によって「米国の優位」はより「堅固」なものとなり、「米国の軍事力に正面から挑戦する意図と能力をもった大国が近い将来に登場する可能性はない」と主張する。かくして、「軍事と安全保障の面」では「米国を中心とした協調的多極へと向かう傾向が続く」というのが彼の見通しであった。

こうした冷戦後のメガトレンドのなか、「以後一〇年から二〇年の期間に予想される危険」として、渡邉は次の四つを挙げている。第一は「局地的な規模の武力衝突」であり、第二はこれの「原因ともなりその結果でもある武器や軍事関連技術の拡散」である。第三は、この局地的武力衝突の基盤となる「経済的貧困や社会的不満であり、それと関連した国家の統治能力の喪失」である。そして第四として、「大国間の協調の乱れ」を挙げ、それが「全体としての国際的安全保障環境を悪化させる」と指摘するのであった[19]。

しかし、こうした四つの危険が想定されるとしても、渡邉は、「国際社会が協力して能動的・建設的に行動する」ことで「より持続的な平和の構造を創りあげるための好機」もまた「潜んでいる」、と力説する。かくして、安全保障環境の質的変化のなか、日本は冷戦時代の「受動的な安全保障上の役割」から脱して、いまこそアメリカを中心とする主要国とともに「能動的な秩序形成者」としての役割を担うべきだ、というのが彼の見解であった。

こうした協調的な安全保障を推進する上でまず渡邉が重視したのは、集団安全保障機構としての国連である。米ソ冷戦期には両国の激しい対立によって集団安全保障システムは十分に機能しなかったが、その冷戦が終結したことで国連は「ようやくその本来の機能に目覚めつつある」、というのである。そして、「この好機を利用して、諸国民がどれだけ協調的安全保障の実績をあげ、その習慣を身につける」ことができるのか、これが「二一世紀の国連の命運を占う決め手となる」、と指摘するのであった[20]。

もっとも、渡邉自身、国連の理想とする集団安全保障システムがいますぐに実現するとは考えていない。それは「遠い先のこと」であると考える渡邉は、むしろ今の段階で国連に求められるのは、「統治能力の主体のはっきりしない不安定な諸地域内部で発生する武力紛争の予防とその拡大防止、さらには紛争停止後の秩序再建に対する支援などを内容とする、広義の平和維持活動である」と主張するのであった。

また「国家間の利害の衝突が武力紛争に発展する危険」も決してなくなったわけではないとみる渡邉は、その可能性を軽減させていくために、国家間の「相互不信のレベルを低下させ、逆に安心感を高め、少しでも相互信頼の状態へ近づけていくことが、まず必要である」と指摘する。そしてそのためには、「世界的、地域的な規模での軍備管理の制度を効果あるものにしていく努力が必要である」というのが彼の見解であった。

さらに渡邉は、協調的安全保障は国連においてだけでなく、地域的なレベルでも進められなければならないとして、設立間際のASEAN地域フォーラム（ARF）とアジア・太平洋安全保障協力会議（CSCAP）における参加国間の「安全保障対話」にも注目している。

こうした世界的・地域的な規模での協調的な安全保障協力のことを渡邉は、「多角的安全保障協力」と総称するが、これを日本としても積極的に推進していかなければならない、というのである[21]。その具体的な協力として渡邉は、第一に、国連の「平和維持活動にできる限り積極的に参加する」ことを国の「基本的政策」とし、そのための「制度や能力の整備に力を入れるべき」と指摘する。第二に、国際的な軍備管理の強化に関しても、日本は「今まで以上の努力」を行なうべき、と主張する。そして第三に、地域レベルにおいては、先に挙げたARFやCSCAPへの参加をはじめ、「韓国、中国、ロシアなど各国別の二国間の軍事交流を促進」して「透明度を高める努力」をすべき、と提案するのであった。

このように多角的安全保障協力を唱える渡邉の考えは、その内容一つ一つもさることながら、むしろ日本の安全保障のグランド・デザインのなかにこれらを統合的に位置づけたことが、大きな特徴であったといえよう。しかし、それ以上に重要なのは、この多角的安全保障協力を日米間の安全保障協力と関連づけ、後者を新しい角度から意義づけた点である。すなわち、多角的安全保障協力を効果的なものにするためにも「日米間の緊密で幅広い協力と協働」が「不可欠」である、というのが彼の見解であった。しかも、この日米間の「協力と協働」のための制度的枠組みは「日米安保条約によって与えられている」として、今後はその枠組みを活用して「両国の協力関係をさらに充実」させなければならない、というのである。

安全保障環境の一つの「現実的基礎」となるのが前述した「力の分布」であり、いま一つが「平和維持のための国際的な諸制度」であると考える渡邉は、北大西洋条約機構(NATO)とともに日米安保条約がその「最も代表的なもの」[22]である、と指摘している。かくして、NATOとともに日米安保条約は冷戦時代の遺物として捨て去るのではなく、むしろ「重要な資産」として継承し、これを国際的な広い視点から新しく意義づけなければならない、というのである。

もっとも、渡邉にとって国連の活動をはじめとする多角的安全保障協力のなかに日米安全保障協力を位置づけることは、何も突飛なものではなく、むしろ日米安保条約が元来「国連憲章の規定に基礎をおいた」ものであることからすれば、ごく自然なものであった。渡邉は懇談会第一八回会議で、そのことを次のように述べている。

「日米安保条約も、国連の広い集団安全保障機能というものに文章の上ではリンクされている訳ですね。ですから、今までも矛盾している訳ではないですし、これからも矛盾する訳ではないんです…今までは事実上ほとんど国連の機能というのは…寝ていた訳ですけれども、それをもうちょっと起こし…機能的に日米安保と国連というものの関連をより目に見えるような方向へ持っていったらいいんじゃないかと…そういうことを言っている訳なんです」[23]。

国連の集団安全保障と日米安保条約をこのように関連させる渡邉は、その観点から、自衛隊基地と在日米軍基地のあり方についても、新しい意義づけを試みている。すなわち、「国連の決議と要請を受けて行動する諸国の軍隊に、日本の防衛区域・施設を訓練、事前集積、中継地などの目的で使用することを許可したり、平和維持活動に装備品を供与したりすることは、国際公共財の提供という見地から、肯定されるべき」、というのである。「日米安全保障協力関係は、国連の平和維持活動を含む多角的国際安全保障協力の一環であり、その根底をなす」という考えからすれば、こうした提案は渡邉にとって、ある意味自然であったといえる。しかしここにこそ、「国際公共財の提供」という新しい視点を導入しようとする試みと、国連の集団安全保障を重視する渡邉のスタンスが、明瞭にあらわれているといえよう[24]。

さらにこれと関連して興味深いのは、渡邉が防衛力のあり方を論じたレポート第三章の草案において、今後あるべき防衛力の整備を第二節で論じ、第一節では「多角的安全保障協力のための防衛力の役割」を論じたこと、しかもその第一節のなかに日米安全保障協力も位置づけたということである[25]。すぐ後で述べるように、これは大河原良雄元駐米大使などから批判を受けることになるが、渡邉の意図するところは次の点にあった。すなわち、「第三のディメンションである国際協力という点が、ほとんど日本の安全保障なり、防衛ということとは余り関係のないこととして言われたことを、もっと有機的に関連づけ」たい、ということである[26]。

草案の構成をめぐって

こうした渡邉の執筆した樋口レポート草案については、アメリカ側から〝懸念〟の声があがったことは、よく知られている。つまり、これまで日米安保体制を何よりも重視してきた日本がその優先順位を変え、多角的安全保障協力を重視している、という懸念である。もっと言えば、日本の「アメリカ離れ」に対する疑念だともいえよう。

しかし、アメリカからこうした〝懸念〟が示されただけでなく、防衛問題懇談会のメンバーからも、その構成に対して意見が出されていたことは、興味深い事実である。とりわけ強く意見したのは、元駐米大使の大河原良雄であった。レポート提出の大詰めを迎えた七月一三日の第一七回会議で大河原は、次のように述べて、報告書の構成を見直すよう要求している。「三章の原案は、むしろ多角的安全保障協力ということに非常に重点が置かれ、第二節に防衛力というものが位置づけられている〔が〕…多角的安全保障という国際的な枠組みが必ずしもまだ明確な姿を取っておらないこの段階で、…このように位置づけるということについては問題があるんじゃないだろうかと。…〔また〕日米安保条約というものも、…多角的安全保障という中の一環として日米協力、安保関係が位置づけられているというのが、やはり日米安保条約の影が非常に薄い存在にな〔ら〕ざるを得ないというふうにどうしても見えるんです。そういう意味において、立て方をもう一回考え直していただけないか」〔27〕。

報告書提出の土壇場になって、大河原は議論の「立て方」自体をもう一度根本的に見直すよう要求したのである。また別のメンバーは、「多角的な安全保障、特に国連安保等々が前に出ているというのは一つの新しい思想で私は斬新な感じを持ちます」と述べてその構成に理解を示しつつも、しかし「少なくとも〔日米〕安保の問題は〔日米〕安保の中で具体的にどう改善すべきかということは一節格上げをしたらどうかという感じがいたします」と指摘している〔28〕。

こうした意見に対して渡邉は、日米安保の箇所を「格上げ」することについては同意したものの、その全体的な構成については次のように述べて、みずからの狙いが那辺にあるのかを説明している。渡邉はいう。「日米安保というのは日本のためだよ、ためだけだよというトーンは変えた方がいいと私は思っているんです。だから意識的に全体の多角的な安全保障と、国際的な全体の安全保障なんだよと。そういう中に位置づけるんだよということを言った方が私はいいというんでかなりそこは意識して言っているんです」〔29〕。

こう主張した渡邉は、構成自体をそのままとした上で、「日米安保のところ」だけは「別格」にして新たに「国際的協力と日米安保体制」というタイトルの第二節を設けることになる。しかし、このように日米安保の箇所を「格上げ」した彼に対し、大河原は続く第一八回会議で、さらに次のような注文をつける。「国際協力という観念じゃなくて日米安保体制に重点を置いた考え方をここに挙げていただきたい」[30]。この要求を受けて渡邉は、報告書の最終版では「日米安全保障協力関係の充実」というタイトルに改めることになる。

かくして、「多国間安保協力と日米(二国間)同盟とは二者択一の関係にあるのではなく、その両者を統一的に把握する論理を構成することによってはじめて、冷戦後の日米同盟の存在理由を示すことができる」(括弧は引用文のまま)[31]という渡邉の狙いは、日米安保を「もっとそれ自体として重要性を置いた位置づけ」[32]にすべきだという大河原などの意見にも配慮した結果、結局のところ薄められることになる。

第一八回会議であるメンバーが、「わざわざ第二節で日米安保を取り上げたにもかかわらず、…何となくごました話で、当たり前の話ばかり書いてあるような気がする」[33]という感想を述べたり、あるいは別のあるメンバーが、「何か後ろ向きというか、よその国はもう既にやっているようなことを、ACSA(日米物品役務相互提供協定)をこれからやりますみたいな話だけのような感じがする…日米安保の今日的意義というか、新たな意義というものがどうもないような気がする」[34]と漏らしたのは、そのことをよく物語っている。

このように報告書の構成に関する議論が懇談会でなされていた頃、渡邉のところには米側関係者からの「コメント」なるものが届くことになる。おそらくは第一九回会議(七月二七日)から最終の第二〇回会議(八月一二日)の間のことだと考えられるが、渡邉の下には防衛庁を通じてアーミテージ元国防次官補ら知日派三名の意見を記したペーパーが示されたのである。当時、渡邉のサポートをした防衛庁の髙見澤將林の証言によると、ちょうどこの頃、防衛庁内部では報告書の構成がアメリカ側に不安を与えるのではないかという議論が起こり、西廣元次官より、それなら「アメリカの感じを率直に聞いたらどうか」という話が出て、当時アメリカで研修していた防衛庁職員を通じて、米側関係者から意見を聴取したという[35]。

同庁職員が意見を聞いたアーミテージ、フォード元国防次官補代理、ダイク元在日米陸軍司令官の三者のコメントは、報告書の内容自体は「包括的でよくまとまっており、評価できる」というものであったが、ただしその構成が日米安保よりも国連などを重視している印象を米側に与える可能性がある、というものであった[36]。とりわけアーミテージは、「国連などの国際システムの枠組み下での安保協力は、日本の安全保障にとってはあくまでも補完的な手段にすぎない」のであって、「三つの政策の枠組みの重要度は、①日米安保協力関係の機能充実、②信頼できる能率的な自衛力の保持、③多角的安全保障協力、という順序になるはずである」と述べ、記述の順序はこの「重要度に従って変えるべきである」とコメントする[37]。

こうした米側関係者の「コメント」を内密に受けた渡邉は、一晩考えた末、構成をそのままとすることを決意する。いまさら変えたら「全体の議論の仕方を変えなきゃいけない」し、また内容をしっかりと読めば理解されうる、というのが彼の判断であった[38]。

3 防衛問題懇談会の議論の射程と今日的課題

日米安保をどの角度から位置づけるか

以上のプロセスを経て完成した報告書であるが、元防衛次官の秋山昌廣によると、この報告書を読んで「アメリカから飛んできた」マイケル・グリーンやパトリック・クローニンに対し西廣は、多角的安全保障協力が最初に書かれているその構成に否定的な態度を示したという[39]。また、統合幕僚会議議長として会議に出席していた西元徹也も、当時を振り返ってこう証言している。「西廣さんは、多国間安全保障を先に書くことに、かなり強く反対されたと記憶しております」[40]。もし、こうした証言が確かだとしたら、西廣はなぜこれに反対したのであろうか。もっと言えば、西廣と渡邉の考えには、どのような違いがあったのだろうか。

第一節で検討した西廣の見解をいま一度振り返ってみると、西廣がアジアにおける「バランサー」としてのアメリカの役割を重視していたことがわかる。アメリカがアジアにコミットすることで日中ロの力のバランスが保たれて、この地域は安定する、という考えである。そして、この保たれたバランスを前提として、日本はアメリカをはじめ先進諸国と協力してアジアの経済発展を促したり、その過程で生ずる様々な問題に取り組むべきだ、というのが彼の見解であった。

その背後にある西廣の危機感は、米ソ冷戦時代であれば「双方のリーダーが仲間をほしがっていた時代」であり、日本が西側陣営の一員として遇されるのは半ば自動的であったが、冷戦が終わった今日では、それが決して自明ではなくなってしまった、という点にある[41]。つまり、日米同盟は「日本自身が育てた同盟ではないし、そう〔アメリカから〕信頼されていたわけでもない」と考える西廣は、冷戦が終わったいまだからこそ、逆に日米同盟は重要である、というのである[42]。当時は日米間の経済摩擦も激しかった時代であり、アメリカの一部からは「ソ連の次は日本が脅威である」という言説まで出ていた時代である。また、日本国内でも「安保不要」論が左右両方から提起されていた時代でもある。そうした状況のなかで西廣は、アメリカの「バランサー」としての役割を積極的に評価し、同国を日本とアジアにつなぎとめておくことに意を配ったのである。

一方渡邉には、こうした西廣のような危機感は、少なくとも樋口レポートの文面や懇談会での発言などをみる限り、あらわれていない。むしろ渡邉が懸念したことは、「卓越した軍事力」をもつアメリカが今後「一方的な行動に走らず」に、「多極的協調のなかでリーダーシップを発揮できるかどうか」にあった[43]。そして、それがうまくいくかどうかは「米国以外の諸国、とくに同盟国の側の行動次第できまってくる」と考える彼は、だからこそ日本としてはアメリカと緊密に協力し、同国とともに「能動的な秩序形成者」としての役割を果たしていかなければならない、というのである[44]。

以上のように、西廣がまずはアメリカをつなぎとめることに重点を置いていたのに対し、渡邉はその次の段階、すなわちアメリカといかに協力してアジアや世界全体の秩序形成にあたるのかに関心を寄せていたといえよう。もっとも、西廣が日米安保を維持することだけ考えていたかというと決してそうではなく、国連の活動をはじめ協調的安全保障の考えに理解を示していたことは、確かである[45]。ただし西廣にとって「国連活動への積極的参加」は、「日米安保の枠組み」とは異なるものであり、この「日米安保の枠組み」では「不可能」なことを「国連安保の枠組み」で行なう、というものであった。国連活動をはじめ多角的安全保障協力の文脈のなかに日米安全保障協力を位置づける渡邉に対し、西廣はこの両者を別の枠組みとして、ひとまず認識していたわけである。

したがって、「日米安保の枠組み」をまずは重視する西廣にとって、アメリカが日本側の意図を誤解して、樋口レポートを「日本のアメリカ離れ」として捉えることは、決して望ましいものではなかった。報告書作成の最終段階でアメリカ側の意見を聴取したのも、そうした懸念のあらわれであったといえる。

いま一人、渡邉の草案を危惧したのは、上述したように、元駐米大使の大河原である。彼は西廣とは異なり、懇談会の場で、アメリカを刺激すると思われる表現を一つ一つ指摘し、その修正を求めたのである。例えば、草案の第一章と第二章を議論した第一三回会議で大河原は、草案のなかの次の一文、すなわち「米国がかなり大幅な兵力削減を実施し、その前方展開戦略にも一定の修正を加える可能性が高い」という表現をとらえて、次のように言う。「アメリカの前方展開戦略に対して疑問を投げ掛けるような表現が出てまいりますと、これはアメリカに対して非常に間違ったメッセージを与えることになります」[46]。また草案の別の箇所、すなわち「米軍の兵力が、将来、ある程度まで量的に削減されることがあるかも知れない」という表現に対しても、「実態的には恐らくそうだと思いますが、これも先ほど来申し上げましたような文脈で若干表現を整理していただいた方がいい」と述べている[47]。

日米関係を重視する点では渡邉と大河原の間に違いはないが、客観的な事実を重視、分析する学者としての渡邉と、それが対外的にいかなる影響を及ぼすのかを考慮する外交官としての大河原との違いである。そしてまた、米軍がある一定程度アジアから撤退していくことも視野に入れてアメリカとの関係を新たに考えていこうとする渡邉と、米軍が撤退していくことを懸念し、しかもそれを日本側が容認しているように同国に思われることを避けようとする大河原との違いでもある[48]。

結局のところ、冷戦後の安全保障のグランド・デザインをはじめて政府レベルで描こうというこの報告書の性格を反映して、全体的な「知的枠組み」については渡邉の考えが採用され、対外的な配慮が必要な箇所については大河原など元官僚の経験と知恵が反映される形となった。

アメリカの「核の傘」

西廣のように「バランサー」としての役割を重視する立場や、あるいは渡邉のように多角的安全保障協力を推進する基盤として考える立場など、冷戦終結後の「日米安保」の意義づけに関しては、それぞれ異なるものがあったことは前述した通りである。しかし、その理由が各自異なっていたとしても、その根底には、「日米安保」が日本の安全を確保する最終的な拠りどころである、という考えがあったことは間違いない。第一〇回会議であるメンバーが、「中国のように決して最後まで自分でやろうということを考えている訳ではなくて、根源的なよりどころというものを日米安保に日本は依存しておる」[49]と述べているが、これは懇談会メンバー全員に共通した認識であった。

米ソ冷戦の終結によってソ連の脅威が大幅に低下したとはいえ、日本の周りには中国とロシアの核武装国家が存在し、そのなかで非核三原則を守り、専守防衛でいくという方針をとっている日本としては、やはり究極的にはアメリカが提供する「核の傘」と攻撃能力に依存せざるをえない、というわけである。樋口レポートはこの点、次のように述べている。「米国の核抑止能力は、核兵器を所有する諸国家が地球上に存在するかぎり、日本の安全にとって不可欠である。…日本は、今後も非核政策を堅持していく決心であ〔り〕…米国の核抑止の信頼性に揺らぎがないことが、決定的に重要である」[50]。

ただ、この箇所をめぐっては、懇談会で次のような興味深いやりとりがなされている。すなわち、第一七回会議であるメンバーが、「日本はやはり核は今後とも永久に持たないんだということをどこかで宣言的に書いといてあれした方がいいんじゃないか」と述べたのに対し、渡邉は次のように応じている。「すべてはディペンズなんですよ。今、持つ必要がないから持たないんです。仮に持つ必要が出ればそれは持つかもしれない。これはここだけの話ですけれども。だってアメリカのいる限りはそんな必要はないんだという話なんですから。だから、むしろこれはアメリカに対するメッセージであって、アメリカの核の傘は重要ですよと。我々は当てにしてますよということを言いたい訳であります」[51]。

こうした考えはひとり渡邉のものではなく、おそらく西廣をはじめ防衛に携わる人たちにとっては、ある種共通した考えではなかったかと思われる。国家の防衛を担う者にとっては、他国の意思を無条件に信頼し、それにすべてを委ねるということはありえない。渡邉の言うように、「アメリカのいる限りはそんな必要はない」という条件つきでの「核の傘」への依存であり、したがって意識的にそれを「当てにしている」というメッセージをアメリカに発し続けるのである。

一方アメリカ側はアメリカ側で、日本は機をみてアメリカから離れ、核武装するのではないかという懸念をもっていたことは、まぎれもない事実である。例えば、クリントン政権下で国防長官を務めたウィリアム・ペリーは、まさに日本が核武装に走ることを恐れ、日本がそうした方向に向かわないようにするためにはどうすればよいかを考えた中心人物の一人である。ペリーは当時を振り返って次のように述べている。

一九九四年初めに国防長官に就任した際、…私はジョン・シャリカシュビリ統合参謀本部議長やアシュトン・カーター国防次官補、そしてジョセフ・ナイ国防次官補らと何度も議論を重ねた。…幾度となく議論を重ねるうちに我々はある一つの答えに到達した。それはアジアにおいて、米軍のプレゼンスは冷戦時代以上に重要になるということだった。…日本だけでなく、韓国など同盟相手に十分な安全保障上の確約を与えるだけでなく、米軍の存在があれば、自ら国防能力を急激に高める必要がないと感じさせる要因でもあった。特に、日本や韓国に核武装の必要性を感じさせないことは重要だった。

仮に、日韓両国が核を保有すべきだとの認識に傾いていけば、それはアジアでの軍拡競争に油を注ぎ、地域のすべての国に悲劇的な結末をもたらしかねない。逆に、日韓両国が米国との安全保障条約に信頼感を持ち、無用な軍事力強化に走らなければ、中国も日韓両国に刺激されて、軍事力の増強をさらに進めることもないだろう[52]。

米軍のプレゼンスがなければ日韓両国は核武装をはじめ軍事力を増強し、さらにそれに刺激されて中国も軍拡に走り、この地域が不安定になる、というのがペリーらの懸念であった。こうした「ビンの蓋」的な発想は、何もペリーに特有なものではなく、彼の部下であったナイをはじめアメリカの上層部にも見受けられるものであった[53]。戦後七〇年の日米関係をみても、アメリカにはこうした日本側の動きを本能的に警戒するある種の〝DNA〟のようなものがあり、これが何らかのきっかけで表にでてくるのである。

いずれにしても、日本がアメリカの「核の傘」を究極的に頼りにしていたことは、確かである。アメリカの核を頼りにして相手の攻撃を抑止し、その抑止がたとえ破られたとしても、同国の核を含めた軍事力で守ってもらう、というのが冷戦期はもちろんのこと、冷戦終結後も日本にとっての基本的な考えであった。

確かに、冷戦時代であれば、「超大国ソ連の対日攻撃は、アメリカにとっては直ちにみずからへの攻撃を意味し、したがって「アメリカが日本を助けるということは、日本のためである以上にアメリカ自身のためであった」といえる[54]。よって、アメリカの核は抑止力として機能し、仮にその抑止が破られたとしても、同国が日本を助けてくれる可能性は高かったといえる。しかし、米ソ冷戦が終わった今日、果たしてこの「日本の安全＝アメリカの安全」という等式は成り立つのであろうか。つまり、仮にロシアや中国との間で紛争が勃発した場合、アメリカは本当に日本を助けてくれるのか、という問いである[55]。しかも、この問いへの答え如何で、アメリカの提供する抑止力の効果にも影響が及ぶことを考えれば、そのことの持つ意味は、深刻かつ重大である。

もっとも、冷戦が終わったばかりの一九九〇年代前半は、日本への脅威が最も低下した時代であり、そのこともあってか、防衛問題懇談会がこのテーマを深く議論したという形跡はみられない。同懇談会をはじめ一九九〇年代以降の日本では、国際安全保障の観点からアジア・太平洋地域の平和と安定、ひいては世界全体の平和と安定に如何に日本が貢献できるかという議論が進展し、実際に様々な措置がとられてきた。また、その文脈の中で日米関係も深化・発展していき、より強固なものになっていった。しかし、この「アメリカの日本防衛」という根源的なテーマは、それほど深く考慮されることなくいまに至っているのではないだろうか。

おわりに

樋口レポートが発表されたあと、一九九五年二月には「ナイ・レポート」が、また同年一一月には「新防衛計画の大綱」が、さらに翌九六年四月には「日米安全保障共同宣言」が発表される。この一連のプロセスを通じて、冷戦後の「日米安保」の意義が確立していくことになる。いわゆる安保「再定義」、あるいは「再確認」といわれているものがそれである。この一連のプロセスで樋口レポートがどのような意義をもっていたのかについては別途考えていかなければならないが、ただはっきりしているのは、同レポートが、まさに日米関係が〝漂流〟していた時期に出されたレポートであったということである。この〝漂流〟期には、これまで自明であったものが自明でなくなり、これまでみえなかったテーマや新しいテーマが表に出てくることになる。こうした時代の転換期にあって、日本の安全保障のあり方を根本から検討したのが、本章でみた防衛問題懇談会であり、またそこから生み出された樋口レポートであったといえよう。

現在、中東をはじめ世界各地で地域紛争があとを絶たず、また世界中至るところでテロが横行し、さらには核や生物・化学兵器などが拡散するという国際環境下にある。しかもこうした問題への対処をめぐって、主要国間の足並みが揃わないという場面もみられる。そして何よりも、中国の経済的・軍事的な台頭により、アメリカの覇権が今後どうなるのかというパワー・トランジッションの問題まで浮上している。

米ソ冷戦の終結によりアメリカの覇権が確立し、そのアメリカの覇権の下で主要国が協調していくという姿を描いた一九九〇年代とは、我々は異なる世界に足を踏み入れている。いや正確にいえば、第二節でみた渡邉の想定した〝四つの危険〟が全面化し、なおかつそれを超えた新たな事態、すなわち「大国中国」の出現という事態に直面しているのである。こうした時代の大きな転換点に立って、我々はかつて渡邉がそうしたように、新たな「知的枠組みを作り出す」ことこそ、急務ではないだろうか。その際、時代の転換点で思考し、また構想した樋口レポートから、我々はいかなる知的インプリケーションを汲み取るべきであろうか。いまほど知的構想力が問われている時代はない。

註

1——防衛問題懇談会報告書『日本の安全保障と防衛力のあり方―二一世紀へ向けての展望―』(一九九四年八月一二日)

2——『防衛問題懇談会第一回議事録』(一九九四年二月二八日)、七〜八頁(以下、『第一回議事録』(二月二八日)、の要領で略記する。初出のみ月日を記載)。なお、本章で利用した防衛問題懇談会の資料は、すべて渡邉昭夫東京大学・青山学院大学名誉教授の所蔵するものである。渡邉先生の御厚意により、同資料をすべてみせていただいた。この場を借りて、深くお礼申し上げる。

3——同メモのことを本章では便宜的に「四・二七渡邉メモ」と記す。

4——『第六回議事録』(四月一三日)。以下、外務省の説明は、同議事録、二〜四頁。

5——同前、一三頁。なお、議事録では発言者の氏名はすべて伏せられているが、他の資料とつきあわせてほぼ特定できるものに関しては、その氏名を記した。

6——同前。以下、西廣の発言は、一六〜一七頁。

7——『第二回議事録』(三月九日)、二三頁。

8——『第六回議事録』。以下、西廣の発言は、一六〜一七頁。

9——『月刊 自由民主』(一九九一年一〇月号)、四七頁。

10——西廣整輝、浅井基文(討論)「日本にとって冷戦とは何だったのか」『世界』(一九九二年九月号)、二三五頁。

11——注3で挙げた「四・二七渡邉メモ」と同じく、第八回会議(四月二七日)を前に西廣が提出したメモから(以下、「四・二七西廣メモ」と略記する)。

12——前掲『月刊 自由民主』、四六頁。

13——同前。

14——『第六回議事録』、一六頁。

15——『第二回議事録』。以下、西廣の発言は、二四、二六〜二七頁。

16——「四・二七西廣メモ」。なお、西廣は浅井基文との対談で、「弱肉強食の貿易体制」は「地球規模で考えると成り立た」ず、「もっと弱者に配慮した仕組みが必要」であり、「より管理的な要素が必要になっている」と指摘している。西廣、浅井「日本にとって冷戦とは何だったのか」、二三八ページ。

17――『第六回議事録』、三三頁。
18――以下、断りのない限り、引用は渡邉の起草した報告書草案(初稿)の第一章と第二章から。
19――第四の「大国間の協調の乱れ」については、報告書草案第一章(第二稿)から引用。初稿では言及されておらず、第二稿で加筆されている。
20――渡邉が国連を重視する背景には、彼自身、緒方貞子らとともに日本国際連合学会の設立準備に携わり、長年にわたり国連をみずからのテーマにしていたことがあった。渡邉昭夫とのインタビュー(聞き手：河野康子、平良好利)、二〇一二年一一月一二日。
21――渡邉は防衛問題懇談会に参加する前、ヨーロッパで議論され、その後カナダやオーストラリアでも注目された「協調的安全保障」に関心を示しており、カナダ政府が後押しするワークショップにも参加し、その後日本でも自身が中心となってそれを開いている。渡邉昭夫とのインタビュー、同前。
22――この引用箇所は、第一章草案の第二稿で加筆されている。
23――『第一八回議事録』(七月二〇日)、五一～五二頁。
24――この提案は第一八回会議で佐久間一と大河原良雄から次のような意見が出され、最終的には自衛隊施設のみに限定されることになる。同会議で佐久間はこう述べている。「自衛隊の施設はいいと思うんですけれども、米軍基地を国連に提供するということを我が方が一方的に言っていいんだろうかという懸念を持ちます」。また大河原は次のように発言している。「米軍に提供される基地は米軍が管轄権を持っている訳ですから、それを一方的にここに挙げるということについては若干の問題があり得るだろうというふうに思います」。『第一八回議事録』、一三、二一頁。
25――報告書草案第三章(初稿)。
26――『第一〇回議事録』(五月一八日)、一二頁。
27――『第一七回議事録』(七月一三日)、一九頁。
28――同前、二九頁。
29――同前、三五頁。
30――『第一八回議事録』、二三頁。
31――渡邉昭夫「日米安全保障関係の新展開」『国際問題』(一九九八年三月号)、二五頁。
32――『第一七回議事録』、二二頁。

33――『第一八回議事録』、五一頁。

34――同前、五二頁。

35――髙見澤將林とのインタビュー(聞き手:渡邉昭夫、河野康子、宮岡勲、平良好利)、二〇一三年六月一九日。なお、防衛庁職員がアーミテージらに面会したのは、七月二五日から二六日にかけてである。その他、渡邉の下には樋口レポート草案に批判的なパトリック・クローニンのペーパー(*Japan Rethinks the Alliance*)も防衛庁を通じて届けられている。

36――「懇談会報告に対する米側の感触について」(防衛庁から渡邉に渡された文書)。

37――「アーミティジ元国防次官補のコメントについて」(防衛庁から渡邉に渡された文書)。

38――渡邉昭夫とのインタビュー(聞き手:河野康子、宮岡勲、平良好利)、二〇一三年二月二八日。

39――秋山昌廣『日米の戦略対話が始まった――安保再定義の舞台裏』(亜紀書房、二〇〇二年)、五二頁。秋山はグリーンから直接聞いた内容をみずからまとめ、本書に記している。

40――『西元徹也オーラル・ヒストリー(元統合幕僚会議議長)』下巻(防衛省防衛研究所、二〇一〇年)、二〇九頁。

41――西廣、浅井「日本にとって冷戦とは何だったのか」、二三三~二三四頁。

42――同前。なお、第一八回会議で西廣は、「安全保障の真髄」は「敵が重要」ではなく、「いかに頼りになる味方を作るか」にある、と述べている。『第一八回議事録』、三〇頁。

43――報告書草案第一章(初稿)。

44――同前。

45――注21で挙げた「協調的安全保障」をテーマとする日本でのワークショップは、渡邉の要請に応じて西廣が支援している。渡邉昭夫とのインタビュー、二〇一二年一一月一二日。

46――『第一三回議事録』(六月八日)、二七頁。

47――同前、二九頁。なお、大河原の指摘によって、報告書の完成版ではこれらの表現は修正または削除されている。

48――米軍の撤退を大河原が懸念していたことは、防衛問題懇談会第六回会議における彼の発言をみてもわかる。同会議で外務省の時野谷北米局長が、一九九三年に出されたアメリカのボトム・アップ・レビューに言及して、今後同国としては「緊急展開能力の向上」を図っていくだろうと説明したところ、すかさず大河原は、もしこの緊急展開能力が著しく向上した場合、米軍の前方展開は必要なくなるのかどうかを質問している。これを質問した大河原はその意図について次のように述べている。「やはり前方展開という大前提が、万が一揺らぐようなことがあると随分また問題が広がってくるのかなという気がするものですから、先に質問させていただきました」。『第六回議事録』、八～九頁。なお、在日米軍基地と日米安保体制の関係や沖縄の基地問題に関しては、拙稿「米軍基地問題は日本全体の問題だ　同情や批判にとどまらない挑戦を」『Journalism』（二〇一五年九月号）を参照のこと。

49——『第一〇回議事録』、一三頁。

50——防衛問題懇談会報告書、第三章。

51——『第一七回議事録』、三四～三五頁。

52——ウィリアム・J・ペリー（春原剛訳）『核なき世界を求めて——私の履歴書』（日本経済新聞出版社、二〇一一年）、一一九～一二〇頁。

53——例えば、Kenneth Dam, John Deutch, Joseph S. Nye, Jr., and David M. Rowe, "Harnessing Japan: A U.S. Strategy for Managing Japan's Rise as a Global Power," *The Washington Quarterly*, Vol. 16, No. 2 (Spring 1993).

54——原彬久編『岸信介証言録』（中公文庫、二〇一四年）、文庫版へのあとがき、五三九頁。

55——同前。

第6章

防衛問題懇談会での防衛力のあり方検討

――防衛庁の主導的関与を中心として

MIYAOKA Isao
宮岡勲

はじめに

冷戦後における日本の防衛力のあり方を検討するために、細川護煕首相の私的諮問機関として、防衛問題懇談会(以下、防衛懇と略す)が一九九四年二月二三日に設置された[1]。細川首相は、第一回(二月二八日)の懇談会に出席して、短い挨拶の中で「出来れば今年の夏ごろまでに一つの防衛大綱の骨格の方向づけをしていただきたい」と述べた[2]。細川自身は軍縮に興味があったようだが、その方向づけに関してなんらかの注文をすることはなかった[3]。その後も、首相の政治的リーダーシップが強かったとはいえない。細川は、第二回(三月九日)以降、一度も会合に姿を見せなかったという[4]。また、議論を続けた五カ月余の間に政局が急展開し、羽田孜、村山富市へと首相が二回も交代した。

防衛庁長官の交代は、もっと頻繁であった。細川から防衛懇のアイディアが出されてから最後の会合までの一年間に、防衛庁長官も、細川政権の中西啓介や愛知和男（新生党）から、羽田政権の神田厚（民社党）、村山政権の玉澤徳一郎（自由民主党）と目まぐるしく変化した[5]。防衛懇は、防衛庁長官の私的諮問機関として一九七五年に設けられた「防衛を考える会」と対照的であった。後者において坂田道太長官が見せた政治的なリーダーシップのようなものは存在しなかった[6]。

結局のところ、防衛懇は、第二〇回（八月一二日）の会合において、それまでの議論を取りまとめた報告書を村山首相に提出した。その報告書「日本の安全保障と防衛力のあり方――21世紀へ向けての展望」（以下、報告書と略す）は、座長を務めた樋口廣太郎・アサヒビール会長の名前を冠して、通称「樋口レポート」とも呼ばれている[7]。

しかし、自由民主党・日本社会党・新党さきがけによる連立政権の村山内閣には、非自民・非共産連立政権の細川が始めた報告書を真剣に受けとるような雰囲気はなかったという。自民党に所属する玉澤防衛庁長官による本報告書の受け取り方も軽く、憤慨した委員もいたぐらいであった[8]。

それでも、報告書の第三章に書き込まれた防衛力（自衛隊）のあり方に関する提言の多くは、その後、政府の公式文書である防衛計画の大綱に取り入れられるなどして、政策化されていった[9]。政治的リーダーシップのない状況で、なぜそれは可能であったのか。その答えは、防衛庁による防衛懇への主導的関与であった。

防衛懇の議論にもっとも大きな影響を与えた人物としては、当時、防衛庁顧問であった西廣整輝を挙げることが一般的である[10]。秋山昌廣・元防衛事務次官[11]は、回想録『日米の戦略対話が始まった』の中で、防衛庁の組織的な考えにも言及しつつ、やはり「西廣構想」なるものの影響力を強調している[12]。

報告書は、大きく分けて国際情勢や日本の安全保障の方向を示した前半［第一章・第二章］、特に多国間安全保障協力を強調した部分と、防衛力のあるいは自衛隊のあり方に関する後半〔第三章〕に分けられる。前半は、渡邉〔昭夫青山学院大学教授〕氏の考え方が強くにじみ出たと見られるし、後半は西廣氏の考えをベースに、佐久間〔一顧問〕、畠山〔蕃事務次官〕、村田〔直昭防衛局長〕各氏が中心となってまとめられた陸海空自衛隊の縮小を含む防衛庁の考え方が反映されたと言えよう[13]。

他方で、「西廣氏が事務次官を退く平成二年までの間、冷戦終結の動きの中で、防衛庁全体として自衛隊の縮小・コンパクト化の方向で議論をしていたので、これ〔西廣構想〕は西廣氏の意見というよりも防衛庁全体の組織の考えだった」という村田元事務次官の見解も紹介しつつ、「これもその通りだと考える」として曖昧な態度をとっている[14]。

それでは、懇談会の審議過程において、防衛庁の主導的な関与とは具体的にどのようなものであったのか。そうした組織的な関与の中で西廣の役割とはなんであったのか。これらの問いに答えることは、冷戦後における日本の防衛政策の展開や私的諮問機関と関連省庁との関係を理解するうえで重要な示唆を与えるものとなるであろう。

本章では、以上の問題意識から、防衛庁の主導的関与を中心として、防衛懇における防衛力の再検討過程を考察していく。その際に、懇談会の委員で報告書の起草者であった渡邉昭夫氏が所蔵する防衛懇の内部資料（議事録[15]、座長用の議事進行メモ[16]、配布資料[17]、および報告書草稿[18]など）を利用する。また、西廣と同様に防衛庁顧問と防衛懇委員を兼ねていた佐久間一や、統合幕僚会議議長（以下、統幕議長と略す）として防衛懇にオブザーバー参加していた西元徹也、それに渡邉の口述記録など[19]も参照する。

本章は、三節構成になっている。まず、第一節において、防衛力のあり方に関する提言とその実現性の高さを報告書第三章の節ごとに示していく。そのうえで、画期的な提言ができた背景として、防衛懇への防衛庁の主導的関与を考察する。この考察は、懇談会の設立経緯と概要を扱う第二節と、報告書第三章への防衛庁の影響をみる第三節に分けて行われる。そして、おわりにでは、それまでの議論をまとめるとともに、防衛懇それ自体の意義について補足して、本章を締めくくることにする。

1 報告書提言とその実現状況

防衛懇は、当初、「新たな『防衛計画の大綱』の骨格について」検討することを目的としていた[20]。それが、防衛懇の報告書では、「長期にわたって維持すべき目標とか防衛力の上限などを示す」別表などの具体的な整備計画を含む『『大綱』とは訣別しなければならない」という主張になっていた[21]。しかし、結局のところ、一九九五(平成七)年一一月に、別表を含む「平成8年度以降に係る防衛計画の大綱[22]」(以下、〇七大綱と略す)が閣議決定されている。秋山によれば、「防衛庁事務方が中心となって、この樋口レポートをベースに、一年後の防衛大綱見直しに向けて作業を展開し」、〇七大綱は「基本的に樋口レポートの考えを採用した」という[23]。

ただし、当然のことながら、私的諮問機関の報告書がそのまま大綱になるはずがない。防衛庁内の「防衛力の在り方検討会議」は、報告書提出後の一九九四年一一月に再開され、翌年の一一月まで続けられた[24]。また、一九九五年六月に始まった内閣安全保障会議での審議においては、関係省庁との調整が行われた。そして、自社さ・連立与党内の調整や日米間の意見交換も実施されている[25]。

けれども、報告書第三章の提言の多くは、大綱の第Ⅲ節から第Ⅴ節にかけて引き継がれている(表1参照)。また、大綱に盛り込まれてなくても、その後、政策として実現した具体的な提言もいくつもある。本節では、報告書提言とその実現状況を第三章の節ごとに検討していく[26]。

表1　文書対照表

防衛問題懇談会報告書		防衛計画の大綱（1995年）
第3章　新たな時代における防衛力のあり方		Ⅲ　我が国の安全保障と防衛力の役割
冷戦的防衛戦略から多角的安全保障戦略へ		（我が国の安全保障と防衛の基本方針）
第3節　自衛能力の維持と質的改善	→	（防衛力の在り方）
第2節　日米安全保障協力関係の充実	→	（日米安全保障体制）
第1節　多角的安全保障協力のための防衛力の役割	→	（防衛力の役割）
第3節　自衛能力の維持と質的改善	→	Ⅳ　我が国が保有すべき防衛力の内容
第4節　防衛に関連するその他の事項	→	Ⅴ　防衛力の整備、維持及び運用における留意事項

出典：次の資料をもとに筆者作成。内閣官房内閣安全保障室編；防衛問題懇談会［原編］『日本の安全保障と防衛力のあり方——21世紀へ向けての展望』大蔵省印刷局、1994年；「平成8年度以降に係る防衛計画の大綱について」1995年11月28日、安全保障会議決定・閣議決定（防衛庁編『防衛白書』平成8年版、大蔵省印刷局、1996年、313-321頁に所収）。

多角的安全保障協力のための防衛力の役割
——報告書第三章第一節

第三章ではこの節のみ、「1．国連平和維持活動の強化と自衛隊の役割」と「2．その他の安全保障上の国際協力」という二つの項に分けてある。第一項では、とくに国連平和維持活動（PKO）に注目し、「平和維持活動の一層の充実をはじめとする国際平和のための国連の機能強化への積極的寄与」が「今後の日本の安全保障政策の重要な柱の一つ」であることを再確認している。そして、第二項では、独立した目として「⑴軍備管理のための国際的協力」と「⑵安全保障対話の促進」をとりあげている。

○七大綱は、報告書が重視する国際協力の分野を引き継いでいる。その第Ⅲ節「我が国の安全保障と防衛力の役割」において、「国際平和協力業務」、「安全保障対話・防衛交流」、および「軍備管理」などに言及している。

しかし、報告書第三章の中で○七大綱ともっとも異なっているのが、この第一節である。大綱策定過程において、多国間のグローバルな安全保障協力や「協力的安全保障」という観点を全面に出す「多角的安全保障戦略」という、報告書の全体的な枠組みは放棄された[27]。代わりに、「より安定した安全保障環境の構築への貢献」と名づけられた国際安全保障協力は、「我が国の防衛」と「大規模災害等各種の事態への対応」に次ぐ三番目の防衛力の役割として位置づけられた[28]。

また、PKOに関する報告書の重要な提言は、〇七大綱には含まれなかった。報告書は、例えば、「(1)自衛隊の任務と平和維持活動」のところで「平和維持活動への参加を自衛隊の本務に加えるための自衛隊法改正を始めとする法制上の整備」をすべきであるとして、いわゆる本来任務化を提案した[29]。また、「(2)自衛隊の組織上の改善」では、国際平和協力業務のための幕僚レベルの専門組織を新設し、実施部隊は必要の都度、一般の部隊から選抜するという提言を行った。そして、「(3)国際平和協力法の改正点」においては、「自衛隊の平和維持活動への参加の態様に関しては、現行の国際平和協力法のいわゆる平和維持隊(PKF)本体業務の凍結規定をできるだけ早く解除する方向で、論議を煮詰めることが望ましい」とし、「これに関連して、武器の使用に関しては、国連で一般に認められている共通の理解について日本も検討すべきである」と主張した[30]。

しかし、これらの提言も、その後、政策として実施されることになる。まず、一九九八年の国際平和協力法の改正により、上官の命令による武器の使用が可能となった。次に、二〇〇一年の同法改正では、自己の管理下の者と武器等の防護のための武器使用も認め国際基準に近づけるとともに、いわゆるPKF本体業務の凍結を解除した。そして、二〇〇七年には、自衛隊法改正による国際平和協力活動の本来任務化が実現している[31]。さらに、二〇一五年の平和安全法制整備法により、国際平和協力法が改正され、いわゆる安全確保業務や駆け付け警護も可能となった[32]。ただし、幕僚専門組織の新設は、その後、実現化されることはなかった。

報告書は、日米間の安全保障協力がアジア・太平洋「地域、ひいては世界全体の安全をより確かなものにするための礎石となる」として、日米同盟の今日的意義を「平和のための同盟」と名づけた。また、米国の核抑止力が「日本の安全にとって不可欠である」ことを再確認しつつ、「核兵器から自由な世界を創るという長期的な平和の戦略と、日米安全保障協力の維持・強化とは、この点でも、密接不可分の関係にある」とした。そして、日米安全保障協力の改善策としては、「(1)政策協議と情報交流の充実」、「(2)運用面における協力体制の推進」、「(3)後方支援における相互協力体制の整備」、とくに取得および物品・役務融通協定（ACSA）の締結、「(4)装備面での相互協力の促進」、および「(5)駐留米軍に対する支援体制の改善」という五項目を挙げた。

○七大綱は、第Ⅲ節「我が国の安全保障と防衛力の役割」の「日米安全保障体制」の中で、「平和のための同盟」という用語を使っていないものの、報告書における日米安保体制の意義づけや具体的な改善策をほぼそのまま引き継いでいる。なお、大綱では、報告書で列挙された改善策のうち三番目の項目が抜けているが、それは、一九八八年以降、米国から日本側に要求されていたACSAについて、大綱の策定の段階で締結に目途がついていたためであろうと推察される。日米ACSAは、まずは共同訓練、PKO、および人道的な国際救援活動を対象にして、一九九六年四月に署名された[33]。

自衛能力の維持と質的改善——報告書第三章第三節

本節は、防衛力のあり方検討の中でも中核的な問題である自衛隊改革を扱っている。まず、「(1)予想される軍事的危険」の評価において、日本への軍事的侵攻の可能性が低下している状況からすれば、日米同盟の継続を前提に「独立国として必要最小限の基盤的防衛力をもつべきだという考え方は、基本的には、今日でも妥当性を失っていない」とした。他方で、「不安定で予測が難しい状況の中に潜んでいるさまざまな危険」に対応できる能力が必要とされていることを強調している。そして、「⑵防衛力整備に当たって考慮すべき要因」として、「軍事科学技術の動向」、「若年人口の長期的な減少傾向」、および「厳しい財政的制約」の三つを挙げている。

以上を踏まえて、「⑶新しい防衛力についての基本的考え方」を引き出している。それは一言でいえば「基盤的防衛力の概念を生かしつつ、新たな戦略環境に適応させるのに必要な修正を加える」ということである。その修正の方向性について、次の三項目からなる基本方針を掲げている。

第一に、不透明な安全保障環境に対応し得るような情報機能を充実させるとともに、多様な危険に対し的確に対応できるように運用態勢を整える。第二に、戦闘部隊について、より効率的なものに編成し直し、装備のハイテク化・近代化をはかるなどの方法を講じて、機能と質を充実させる一方、その規模を全体として縮小させる。第三に、より重大な事態が生じた場合、それに対応できるように、弾力性に配慮する。［傍点は筆者］

次に続く「⑷改革の具体策」は、以上の基本方針を具体的に補足したものである［34］。第一の運用態勢の整備については、情報・指揮通信に関する「C３I［指揮・統制・通信・情報］システムの充実」や、統合幕僚会議（以下、統幕と略す）の調整分野の拡大をはじめとする「統合運用態勢の強化」、それに「機動力と即応能力の向上」という項目を取り上げた。第二の質的充実・量的縮小という整備方針については、「人的規模」、「陸上防衛力」、「海上防衛力」、「航空防衛力」、および「弾道ミサイル対処システム」という項目で整理している。第三の弾力性については、「防衛力の弾力性の維持」という独立した項目がある。その他、「人事面での施策」と「駐屯地等の統廃合」が続いている。

第三節における記述のほとんどは、〇七大綱の第Ⅲ節「我が国の安全保障と防衛力の役割」の中の「防衛力の

表2　効率化・縮小化

	防衛懇報告書	大綱別表(1976年・1995年)の変化
陸上	● 人的規模の縮小 ● 師団および旅団への改編 ● 戦車、火砲などの重装備	● 常備自衛官定員：18万人⇒14万5千人 ● 12個師団+2個混成団⇒8個師団+6個旅団 ● 戦車：約1200両⇒約900両 ● 主要特科装備：約1000門／両⇒約900門／両
海上	● 対潜水艦戦艦艇や対機雷戦のための艦艇や航空機	● 護衛艦：約60隻⇒約50隻 作戦用航空機：約220機⇒約170機
航空	● 航空警戒管制組織 ● 戦闘機部隊または戦闘機	● 28個警戒群⇒8個警戒群+20個警戒隊 ● 要撃戦闘機部隊：10個飛行隊⇒9個飛行隊 戦闘機：約350機⇒約300機

出典：次の資料をもとに筆者作成。内閣官房内閣安全保障室編；防衛問題懇談会［原編］『日本の安全保障と防衛力のあり方——21世紀へ向けての展望』大蔵省印刷局、1994年；防衛庁編『防衛白書』平成8年版、大蔵省印刷局、1996年、123頁。

在り方」と、第Ⅳ節「我が国が保有すべき防衛力の内容」のところに分けて反映されている。紙面の制約により詳細な対応関係については省略するが、報告書における第二の整備方針である「質的充実と量的縮小」が具体的にどのように〇七大綱に反映されたかをここで確認しておく。

まず、量的縮小(〇七大綱の用語では「合理化・効率化・コンパクト化[35]」)の具体策は、表2で示したとおり大綱の別表(主要な編成、装備等の具体的規模を示すもの)に忠実に反映された。なお、報告書では、「新たな予備自衛官制度の導入」とセットで、常備の自衛官定数について「現行の約27万4千人を24万人程度を目途として縮小すべきである」と提言した。その三万四〇〇〇人の削減対象は陸上自衛隊であったが、組織的抵抗を和らげるために自衛隊全体の定数で書かれたのである[36]。他方で、大綱では、陸上自衛隊の常備自衛官定員が一八万人から三万五〇〇〇人分だけ削減されて一四万五〇〇〇人となっている。ただし、一万五〇〇〇人の即応予備自衛官を新たに設けて削減によるマイナスの影響を緩和しようとしている。陸上自衛隊念願の「即応性の高い予備自衛官」は、大綱本文にも明記された。

他方で、「装備のハイテク化・近代化」などによる質的充実については、大綱には明記されなかったが、表3で明らかなとおり「中

表3　機能と質の充実

	防衛懇報告書	中期防衛力整備計画(1995年)
陸	● 機動力の向上 ● ハイテク装備重視	● 輸送ヘリコプター(CH-47)の整備 ● 地対艦誘導弾(SSM-1)の整備 対戦車ヘリコプター(AH-1S)の整備
海	● 監視・哨戒の機能 ● 対水上戦、防空戦の能力 ● 海上輸送、洋上補給等の支援機能	● 哨戒ヘリコプター(SH-60J)の整備 固定翼哨戒機(P-3C)の改修・後継機の検討 ● 護衛艦の更新・近代化 ● 輸送艦の整備
空	● 空中給油機能の導入 ● 長距離輸送能力の保有	● 検討を行い、結論を得、対処する。 ● 輸送機(C-1)の後継機の検討
他	● 弾道ミサイル対処能力の保有	● 検討の上、結論を得る。

出典：次の資料をもとに筆者作成。内閣官房内閣安全保障室編；防衛問題懇談会［原編］『日本の安全保障と防衛力のあり方――21世紀へ向けての展望』大蔵省印刷局、1994年；「中期防衛力整備計画（平成8年度～平成12年度）について」1995年12月14日安全保障会議決定、1995年12月15日閣議決定（防衛庁編『防衛白書』平成8年版、大蔵省印刷局、1996年、323-328頁に所収）。

期防衛力整備計画（平成8年度～平成12年度）」に書き込まれた。なお、同計画で要検討とされた事項もその後、実現している。固定翼哨戒機（P－3C）の後継機や輸送機（C－1）の後継機、そして防衛庁が八〇年代後半から検討してきた空中給油機能の導入は、次の「中期防衛力整備計画（平成13年度～平成17年度）」に書き込まれた[37]。また、弾道ミサイル防衛に係る日米共同技術研究に関する日米政府間の一九九九年の合意を経て、二〇〇三年には弾道ミサイル防衛システム導入が閣議決定されている[38]。

防衛に関連するその他の事項
――報告書第三章第四節

この節には、「政府全体あるいは日本社会が全体として、取り組むべきもの」が列挙されている。この節は、「(1)安全保障に関する研究と教育の充実」、「(2)防衛産業」、「(3)技術基盤」、「(4)今後の防衛力整備計画のあり方」、および「(5)危機管理体制の確立と情報の一元化」の五つに分けて記述されている。

このうち、防衛産業と技術基盤についての記述が、〇七大綱の第Ⅴ節「防衛力の整備、維持及び運用における留意事項」に引き継がれている。大綱では、報告書と同様に、防衛産業については、「適切な国産化等を通じた防衛生産・技術基盤の維持に配意する」としている。また、技術基盤に関しては、「技術研究開発の態勢の充実に努める」と述べている。なお、〇七大綱の第Ⅴ節には、報告書第三章の第三節に書かれていた、厳しい財政的制約を背景とする防衛費の中長期的視点からの管理や、駐屯地等の統廃合も書き込まれている。

他方で、安全保障研究・教育、防衛力整備計画のあり方、および政府全体の情報・危機管理システムについては、関連する記述が〇七大綱に見当たらない。本節の冒頭で指摘したとおり、報告書では『「大綱」とは訣別しなければならない」とあったが、その後も別表付きの大綱が二〇〇四年、二〇一〇年、および二〇一三年に策定されている。ただし、政府全体の情報・危機管理システムは、一九九五年の阪神・淡路大震災や地下鉄サリン事件などをきっかけとして、強化されてきている。例えば、一九九八年には、内閣危機管理監が設置されて、内閣安全保障室は内閣安全保障・危機管理室となった[39]。また、安全保障研究・教育については、二〇一三年一二月に閣議決定された「国家安全保障戦略」と「防衛計画の大綱」において「知的基盤の強化」として明記されている[40]。

以上、本節では、防衛懇の報告書には防衛力のあり方に関する画期的な提言が数多く含まれていることをみてきた。次節以降では、そうした提言ができた背景として防衛問題懇談会への防衛庁の主導的関与を考察していく。

2 防衛懇の設立経緯と概要

防衛懇の設立や運営において大きな役割を果たした防衛庁関係者が二人いる。西廣整輝防衛庁顧問と畠山蕃防衛事務次官である[41]。冷戦時代における日本の防衛計画行政の中枢を歩んできた西廣は、「ミスター防衛庁」と呼ばれ、九〇年代の前半において最も影響力のある防衛庁文官OBであった[42]。六〇年代・七〇年代には、第二次から第四次までの各防衛力整備計画の策定に関与し、防衛局防衛課長として初の「防衛計画の大綱」の策定を主導した[43]。他方で、畠山は、冷戦終結後から防衛力のあり方を検討してきた経緯や事務次官という役職からして、防衛庁の現役組の中で中心的な役割を担った。畠山は、西廣の強い推薦により、一九八八年七月に、大蔵省から防衛庁に防衛審議官として出向してきた人物であった[44]。

本節では、西廣と畠山に焦点を当てながら、防衛庁内での冷戦後の防衛力検討や防衛懇の立ち上げといった設立経緯、および、防衛懇の目的・経過・防衛庁との関係といった概要を検討することにする。

冷戦後の防衛力検討

冷戦後における日本の防衛力のあり方についての防衛庁内での検討は、一九九一年度以降の中期防衛力整備計画の策定に向けた準備作業に遡ることができる。その作業の中心にいた人物が西廣整輝であった。一九八八年六月に防衛庁初めての生え抜きの(他省庁出身ではない)事務次官となった西廣は、翌年一月に開始された「防衛力検討委員会」の委員長に就任した[45]。

このときに大きな問題となったのが、陸上自衛隊の自衛官定数であった。それは、一九七六(昭和五一)年に策定された「防衛計画の大綱」(以下、五一大綱と略す)の別表において一八万人とされていた[46]。しかし、一九九〇年の時点での実際の現有人員(実人員、充足人員)は一五万人を超える程度であった。冷戦終結後の軍縮を求める国会等からの要求もあり、西廣次官率いる防衛庁内部部局(内局)は陸上自衛隊の定員削減を検討したものの、その反発を招いたこともあった[47]。

この問題は、後に統幕議長として防衛懇に陪席することになる西元徹也・陸上幕僚副長が西廣次官や防衛局との調整にあたった[48]。その結果、防衛庁は、「別表の十八万人を次期中期に変更する意思はない。ただし、現在の定員の枠内で合理化・効率化に努力するとともに、予備〔自衛官〕制度を含め総合的に検討する。場合によっては、次期中期防の期間中に検討し、成案を得て逐次具体化する」という方針を固めた[49]。合理化・中立化とは「現有人員を事実上の平時定員と位置づけ」ることであった[50]。西廣次官の下での次期防衛力整備計画の策定作業はここまでであった。本人は、一九九〇年七月、退職するとすぐに、同策定作業に助言するため防衛庁顧問に就任した[51]。

さて、一九九〇（平成二）年一二月には[52]、安全保障会議と閣議で「中期防衛力整備計画（平成3年度～平成7年度）」（以下、〇二中期防と略す）が決定された。そこには、新たな予備自衛官制度への言及はなかった一方、「計画期間中の陸上自衛官の充足については、その現状を踏まえ、15万3千を限度とする」と明記された。また、「将来における人的資源の制約の増大等に的確に対応するため、自衛官定数を含む防衛力の在り方について検討を行い、本計画期間中に結論を得る」という一文が挿入された[53]。そのため、担当の防衛局は、本計画の最終年である一九九五年末に向けて今後の防衛力のあり方について検討を開始したのである。それを主導したのは、前月に防衛局長に就任した畠山蕃であった。

畠山局長は、一九九三年六月一四日に自らの私的懇談会として「新時代の防衛を語る会」（以下、語る会と略す）を設置したことがあった。一四名の委員の中には防衛問題に素人のデザイナー、作曲家などが含まれていた[54]。報道によれば、「防衛や安全保障について国民の常識がどのあたりにあるのかつかみた」かったようである[55]。初の会合後すぐに畠山は事務次官に昇進したため、村田直昭が防衛局長の職とともに語る会を引き継いだ[56]。この会は、当初の予定どおり、約半年間に六回開催されて、報告書は提出されずに終了している[57]。

また、畠山次官は、東京の帝国ホテルで一九九三年九月二九日に「当面する安全保障の諸問題」という題で講演を行った[58]。講演内容は、国際情勢認識と戦域ミサイル防衛（TMD）、「大綱」の見直し等の問題、PKOの問題、および今後の日米関係という、四つの柱からなっていた。この講演会は、時事通信社の関連団体である内外情勢調査会が主催したもので、主要新聞各紙に報道され注目を集めた。防衛庁による防衛力の見直しに向けた社会的な「環境作り」の一環であった[59]。ここで示されている問題意識は、防衛力の新しいあり方について防衛庁が持っていた当時の考えを反映するものであった。

防衛懇の立ち上げ

細川首相は、まず西廣に懇談会の立ち上げを依頼した[60]。一九九三年九月二三日、細川が官邸へ「西廣防衛庁顧問を招き、今後の防衛力の在り方につき意見を聞」いた際であった[61]。細川が後に語ったところによると、「防衛庁ＯＢの中では西広がもっともリベラルだったので、西広に頼んで、(防衛問題懇談会を)つくってもらった」という[62]。なによりも細川の軍縮志向と西廣の自衛隊改革志向が共鳴した結果ではなかったかと思われる。防衛懇が首相の私的諮問機関である以上、細川首相からの直接的な委任は、西廣の影響力を強めたと考えられる。

次に、約一週間後の一〇月一日、畠山次官が首相官邸を訪れた際、細川首相から防衛問題に関する私的諮問機関を開催したいとの意向が防衛庁側に伝えられた[63]。実は、畠山は、当初、局長レベルの語る会の次には、防衛庁長官の諮問機関を設けて新大綱を具体化するつもりであった[64]。上記の講演会においても、「部内で懸命に検討する傍ら、恐らく来年にでもなれば、各界の専門家にお集まりいただいて、審議会的なものを別途持って、そこでまた検討していただくと、そういうことも考えていきたいと思っております」との抱負も語っていた[65]。しかし、この構想は、細川のイニシアチブにより、すぐに変更を余儀なくされたのである。

西廣と畠山は、二人とも細川とは旧知の間柄であった。畠山は、熊本県庁の企画開発部長に出向していたことがあり、同県の選挙区から参議院選挙に当選した細川と面識があったようである[66]。他方で、西廣は、朝日新聞記者として防衛庁記者クラブに詰めていたことがある細川の知人であり、九〇年代初めの臨時行政改革推進審議会（第三次行革審）においても顔を合わせていた[67]。

さて、防衛懇の委員選定には、首相官邸に直結した「西廣ルート」と「防衛庁ルート」があった[68]。中核的メンバーの選出においては西廣の役割が大きかった。防衛懇の座長代理を務めた諸井《もろい》虔《けん》秩父セメント会長は、八〇年代中頃から、西廣が防衛庁の人を連れて来て財界人や新聞記者の前で話をさせる「西廣会」のスポンサーであった。諸井は、懇談会に参加することを了承したが、座長の役は固辞して代わりにアサヒビール会長の樋口廣太郎を推薦したという[69]。もう一人の中核的メンバーであった渡邉昭夫青山学院大学教授にも、研究室を訪れた西廣から参加要請があった[70]。

他方で、少なくとも佐久間一委員は、防衛庁ルートで選ばれている。彼に防衛懇の委員就任を持ちかけたのは、畠山次官であった[71]。猪口邦子上智大学教授とともに、年が明けてから遅れて委員に決まった[72]。自衛隊幹部出身者が首相の諮問機関に参加するのは初めてのことであった[73]。

佐久間は、当時、防衛庁制服組ＯＢの代表格であった。一九九三年七月までの二年間、統幕議長を務めた後、畠山の強い推薦で、防衛懇が開始する直前の一九九四年一月に防衛庁の顧問になっている。夏目晴雄、西廣整輝の二人の元事務次官に次いで三人目、制服組としては初めての顧問となった[74]。依頼の際、畠山からは「防衛庁が、西廣一色というのも困るんだよ」と言われたという[75]。顧問就任は「制服組の取りまとめ役」を内局から期待されてのことであった[76]。

実際に防衛懇では、同じ防衛庁顧問の委員と言っても、日本の防衛政策形成の中枢を歩んできた経験を活かし自らの考えを述べる西廣と比べて、佐久間は、防衛庁の統幕や陸上・海上・航空自衛隊の各幕僚監部（以下、各幕と略す）とのパイプ役としての色彩が強かった。佐久間自身も「それ（防衛庁から佐久間を通じて意見を述べるというようなこと）は、各幕から結構ありました」と回想している[77]。

表4　防衛問題懇談会のメンバー

座長	樋口 廣太郎	アサヒビール会長
座長代理	諸井 虔	秩父セメント会長
委員	猪口 邦子	上智大学教授
〃	大河原 良雄	経団連特別顧問（元駐米大使・外務省顧問）
〃	行天 豊雄	東京銀行会長（元大蔵省財務官）
〃	佐久間 一	NTT特別参与（前統合幕僚会議議長・防衛庁顧問）
〃	西廣 整輝	東京海上火災顧問（元防衛事務次官・防衛庁顧問）
〃	福川 伸次	神戸製鋼副会長（元通産事務次官）
〃	渡邉 昭夫	青山学院大学教授

出典：次の資料をもとに筆者作成。括弧内の肩書は筆者が加筆した。内閣官房内閣安全保障室編；防衛問題懇談会［原編］『日本の安全保障と防衛力のあり方——21世紀へ向けての展望』大蔵省印刷局、1994年、33頁。

懇談会の概要

細川首相が一九九四年二月二三日に決裁した「防衛問題懇談会の開催について」によると、この懇談会の「趣旨」は以下のとおりとなっている。

冷戦の終結に伴う国際情勢の大きな変化等に対応して、中長期的な観点から、我が国の防衛力の在り方を検討する際の資とするため、内閣総理大臣が防衛や外交、経済・財政等の専門家であって、国際的視野を有する人々の参集を求め、新たな「防衛計画の大綱」の骨格について御意見をいただくことを目的として「防衛問題懇談会」を開催することとする[78]。［傍点は筆者］

「防衛や外交、経済・財政等の専門家であって国際的視野を有する人々」として最終的に選ばれた防衛懇のメンバーは、財界人二名、学者二名、および官界出身者五名であった（表4参照）[79]。懇談会では、各会合の議題になっているテーマについて、まず担当省庁の説明者からの説明（ブリーフィング）を受けて、次に防衛懇のメンバーが自由に議論をするというのが基本的な進め方であった[80]。

防衛懇は、一九九四年二月からおよそ週一回の頻度で首相官邸の大食堂において開催され、約半年後の二〇回目の会合で終了した[81]。この期間は、前半と後半に大きく二つに分けることができる。懇談会の前半は、第一回(二月二八日)から第八回(四月二七日)までの期間で、主に関係省庁による説明が集中的に行われた。懇談会の後半は、第九回(五月一一日)から第二〇回(八月一二日)までの期間で、関係省庁による追加的な説明と並行して、第一章から第三章までの起草と議論がなされた。まず、第九回で、渡邉が起草委員としての指名を受けた[82]。その後、懇談会では、渡邉が起草した草稿案をもとに次のとおり一章ずつ議論していった。

国際情勢の問題に関する草稿案PartⅠ(第一章):第一一回(五月二五日)

総合的な安全保障の問題に関する草稿案PartⅡ(第二章):第一三回(六月八日)

防衛力の問題に関する草稿案PartⅢ(第三章):第一七回(七月一三日)

最後に、第一八回(七月二〇日)と第一九回(七月二七日)で報告書の全体稿に対して意見の取りまとめのための議論が交わされた後、第二〇回(八月一二日)において首相へ報告書が提出された。

なお、「懇談会の庶務は、防衛庁の協力を得て、内閣官房内閣安全保障室において処理する」とされた[83]。他方で、防衛懇での配布資料の内、議論の素材となる説明資料のほとんどは、担当省庁が準備していた[84]。

注目すべきは、防衛懇の参加者の多くが防衛庁関係者であったことである。まず、すでに指摘したとおり、防衛懇委員として西廣と佐久間の両顧問がいた。また、防衛庁の現役組トップである畠山次官と西元統幕議長が、陪席者(オブザーバー)として防衛懇にいつも出席していた[85]。さらに、必要に応じて出席する政府の説明者の中でも、防衛庁の局長、とくに防衛局長の出番が多かった。三六議題のテーマの中で、防衛庁が全体の全体の三分の二を、防衛庁防衛局が全体の三分の一を担当した(表5参照)[86]。なお、防衛懇の庶務を担当する内閣安全保障室の坪井龍文室長も防衛庁からの出向者であった[87]。

防衛懇設立の立役者であった西廣と畠山は、とくに初回の会合で自らの存在感を示した。この時に西廣が説明

表5　防衛問題懇談会の経過

会合	開催日	議題
第1回	2月28日	細川総理挨拶、○防衛計画の大綱の考え方、○防衛諸計画・制度
第2回	3月29日	△国際情勢認識、○我が国を取り巻く軍事情勢
第3回	3月16日	○我が国の安全保障に関連の深い地域の軍事情勢、○統合機能の現状の問題点、○陸上自衛隊の防衛戦略と現状の問題点
第4回	3月30日	○海上自衛隊の防衛戦略と現状の問題点、○航空自衛隊の防衛戦略と現状の問題点
第5回	4月26日	◎人的資源、◎新たな防衛力の態勢への移行、◎有事法制研究、△我が国防衛産業の現状と課題、○防衛装備・技術と防衛産業、○防衛関係費の推移と構造
第6回	4月13日	△日米安保体制、◎日米防衛協力、○日米技術交流、○駐留経費負担
第7回	4月18日	△国際平和協力法に基づく我が国の人的貢献、◎自衛隊による国際平和協力業務、△安保理改組問題、△軍備管理・軍縮問題の現状、◎新たな安全保障環境構築に向けた努力
第8回	4月27日	**◎防衛機能のレヴュー、メンバーによる所見の中間発表**
第9回	5月11日	羽田総理挨拶、**今後の議論の進め方**
第10回	5月18日	**今後の議論のための枠組み**、◎防衛力整備計画の方式
第11回	5月25日	△我が国財政の現状と防衛関係費、国際情勢の問題(1章)についての議論
第12回	6月21日	**◎防衛力の在り方について**
第13回	6月28日	△武器輸出管理、△ODA4原則の適用、総合的な安全保障の問題(2章)についての議論
第14回	6月13日	△情報の一元化、政府としての情報の処理等、△湾岸危機をケーススタディとした危機管理の問題、**◎重要論点についての議論(基本的な考え方、陸海空自衛隊の統合の強化、予備自衛官制)**
第15回	6月22日	**◎重要論点についての議論(シーレーン防衛、陸上自衛隊18万人体制)**
第16回	6月27日	**△国連協力と憲法問題、◎PKO**
第17回	7月13日	村山総理挨拶、**防衛力の問題(3章)についての議論**
第18回	7月20日	意見の取りまとめのための議論
第19回	7月27日	意見の取りまとめのための議論
第20回	8月12日	村山総理への報告

注：◎は防衛庁防衛局長、○は防衛局長以外の防衛庁関係者、△は他省庁が説明した議題を示す。また、太字は、報告書第3章を作成する上で重要だった議題である。

出典：次の文献をもとに筆者作成。内閣官房内閣安全保障室編;防衛問題懇談会［原編］『日本の安全保障と防衛力のあり方――21世紀へ向けての展望』大蔵省印刷局、1994年、34-36頁；防衛庁防衛局『防衛力の在り方についての検討――21世紀に向けての課題と展望』1996年2月、31-32頁；内閣安全保障室「防衛問題懇談会 議事進行メモ」各回。

した「第2回以降議題試案」に基づいて、開催期間前半の議題（説明テーマ）が決められた[88]。ここで、議題の設定が「ソフト・パワー」という影響力を行使する一つの方法であることが想起される[89]。引き続き、七〇年代に五一大綱の策定を主導した西廣が議題の一つである「防衛計画の大綱の考え方」を、また、畠山が「防衛諸計画・制度」の議題を説明している[90]。

3　報告書第三章への防衛庁の影響

〇二中期防により冷戦後における防衛力のあり方について検討していた防衛庁としては、起草過程において草稿案PartⅢ、すなわち第三章の内容にもっとも関心があった。防衛懇の委員であった佐久間は、「パート3は、防衛局が書きたかったんだと聞きましたよね、確かに。それを防衛局が書けば、そのまま大綱に使えるということだったと思うんです」と語っている[91]。

防衛庁が報告書第三章に影響を与えた方法には大きく分けて二つあった。一つ目は、懇談会での説明、とくに「防衛力の在り方検討会議」での検討に基づく説明という間接的な方法である。二つ目は、第三章草稿原案の提示という直接的な方法である。本節では、防衛庁による報告書第三章への影響力行使の方法を分析するとともに、防衛庁顧問でありながら比較的自由に活動していた西廣の影響についても考察する。

防衛力の在り方検討会議に基づく説明

防衛懇での政府説明には二種類、すなわち本章で呼ぶところの「現状説明」と「あり方説明」があった[92]。現状説明とは、国際情勢の分析や既存の政策などについての説明のことである。例えば、陪席者であった西元統幕議長が説明した、第二回の「我が国を取り巻く軍事情勢」や第三回の「我が国の安全保障に関連の深い地域の軍事情勢」と「統合機能の現状の問題点」の議題がこの範疇に該当する[93]。他方で、あり方説明とは、防衛庁内の「防衛力の在り方検討会議」(以下、庁内検討会議と略す)で審議した結果に基づく、新たな防衛力のあり方についての説明のことである。あり方説明のほうは、基本的に村田直昭防衛局長が担当した[94]。以下、報告書第三章の内容により大きな影響を与えた、あり方説明に焦点を当てる。

防衛懇が発足するとすぐに、「今後の防衛力の在り方について、多様な観点から幅広く議論を行い、もって政府としての新たな防衛計画の検討に資するため」、防衛庁長官を議長とする庁内検討会議が設置された。そのメンバーは、原則として事務次官、官房長、防衛局長、統幕議長、および各幕僚長であった[95]。防衛懇が総理の私的諮問機関として設立されたため、「議論の主導権を防衛庁に引き戻すため、懇談会と平行して庁内独自の検討を進めようとし」たのだという[96]。庁内検討会議は、防衛庁内の考えをまとめつつ、防衛懇にそれをインプットする上で大きな役割を果たした。

防衛懇の前半では、最後の第八回(四月二七日)において、初のあり方説明がなされた。村田防衛局長から、整備すべき機能、検討を要する点、および自衛隊の体制改革において留意すべき点を箇条書きで列挙した「防衛機能のレビュー」の説明があった[97]。そのリストは、畠山による帝国ホテルでの半年前の講演において語った重要項目、すなわち、TMD、「大綱」の見直し等の問題(予備自衛官制度、情報、輸送力・機動力)、PKO、および今後の日米関係を含んでいた[98]。また、後に起草される報告書第三章内の重要項目を先取りしていた。

防衛懇の後半では六月に、あり方説明が集中的に行われた。まず第一二回(六月一日)で「防衛力の在り方について」の説明がなされた[99]。その際の配布資料「防衛力の在り方についての一つの考え方」は、基本的考え方、陸上防衛力の改革、海上防衛力の改革、航空防衛力の改革、および共通事項という見出しで構成されていた[100]。これは、第一四回で「PartⅢの土台となるべき1つの考え方」と言い換えられたことがあった。その後、実際に報告書第三章の第三節「自衛能力の維持と質的改善」の土台となった[101]。

その後、三回にわたる懇談会において「ＰａｒｔⅢ起草に当たっての重要論点」が議論された[102]。すなわち、第一四回(六月一三日)は基本的な考え方、陸海空自衛隊の統合の強化、および予備自衛官制を、第一五回(六月二二日)はシーレーン防衛と陸上自衛隊一八万人体制を、そして、第一六回(六月二七日)は国連協力と憲法問題およびＰＫＯについて議論している[103]。初めの二回の重要論点は、第一二回の「防衛力の在り方についての一つの考え方」の補足説明のようなものであった[104]。最後のＰＫＯの説明は、後に報告書第三章の該当部分で取り上げられることになる、ＰＫＦ本体業務の凍結解除、任務の位置づけ、体制強化、および別組織論への反対についてであった[105]。

防衛懇の委員側にも、第三章については防衛庁の意向を尊重しようという雰囲気があったようである。例えば、第一四回の予備自衛官制度に関する説明が終わった後の質疑応答における、次のやり取りが注目される。すなわち、「どこまで書き込むのがいいんですか。あなたに聞くのも変だけれども」と聞かれた防衛庁側の人が「少なくとも、即応予備の考え方みたいなものは、是非一つの柱として触れていただきたい」と答えている[106]。

第三章草稿原案の提示

第八回は、前期のまとめのような会合であった。一つの区切りとして「メンバーによる所見の中間発言」が行われた。これは、「各委員方々から、とりあえず約2か月にわたりまして、行政側からのヒアリングをちょうだいいたしました感想、所見を含めて、あるいは更に『防衛計画の大綱』の骨格に盛り込む事項の主眼、あるいは特に強調すべき点」について発言してもらうという趣旨のものであった[107]。起草委員であった渡邉によれば、「大体一通りみんなの意見を聞いて見た結果、それほどまとめにくい話ではないな、という感じであった。それでは、これをまとめたような形で［中略］文章化してみようじゃないかということになった」という[108]。この中間発言は、報告書に影響を与えた要素の一つであった。

ただし、防衛庁は、佐久間委員を通じて中間発言にも影響を及ぼしていた。佐久間本人の口述記録によると、四月一四日には、畠山と二人で会って、報告書に盛り込むべき項目について話し合っている。そこで確認されたTMDや空中給油機、日米協力などは、およそ一〇日後に提出された佐久間の発言要旨にも含められた[109]。

報告書起草に先立ち、五月六日に帝国ホテルで一部のメンバーのみが出席する非公式会合が行われた。佐久間は、「畠山さんが相当発言したのは覚えています」と回想しつつ、「実質的にここで固めたなという感じがする」と述べている[110]。ここでは、「将来あるべき報告書の筋書き」とも言うべき防衛庁作成のメモについて議論がなされた[111]。このメモは、「I 内外の環境の変化」、「II 対応の基本方針」、および「III 具体的な施策」の三部構成になっており、報告書の三章構成の原型であったと判断できる[112]。

ただし、防衛庁側が最初に草稿原案のようなものを出してきたのは、報告書の中でも第三章のみであった[113]。起草委員であった渡邉は、口述記録の中で「第三章の関係する部分については、参考になる紙を防衛庁サイドからもらっているわけです」、「そして、私がそれをみながら、第三章のドラフトをまとめたんです」と語っている[114]。

防衛庁草稿原案と渡邉委員作成による草稿案を比べれば、以下のとおりの違いがある。第一に、構成面での変更である。防衛庁草稿原案には多角的安全保障協力と日本の安全確保に関する二節しかなかったが、渡邉草稿案では三節構成となった。つまり、「政府および社会全体として取組むべき課題」という節が二つ目の節から独立したのである[115]。

第二に、防衛庁草稿原案にはあったが、渡邉草稿案には残らなかった項目があった。例えば、その他の国際協力における「国連安全保障理事会常任理事国入り」、改革の具体策における「法制等」、および報告書最後の方の「隊員の士気高揚」などである。士気高揚について、渡邉は、口述記録の中で、防衛庁草稿原案「の中には、防衛庁を防衛省に昇格せよというようなものもあったんですが、それは僕の作文のところで落としたんです（笑い）」と述べている[116]。

第三に、防衛庁草稿原案にはなくて渡邉草稿案に追加された項目や表現がある。例えば、第三節のまとめとして最後に追加された「危機管理体制の確立と情報の一元化」である。また、国際平和維持活動に関連して「憲法第9条との整合性」という小見出しが追加され、後で言及する、集団安全保障への参加も可能とする西廣の憲法九条論を踏まえて説明が強化された。日米安保体制のところには「平和のための同盟」という表現が追加された。

しかし、全体としては、防衛庁草稿原案と渡邉草稿案は、表現上の相違はともかく構成と内容の両面でよく似ている。すなわち、報告書第三章は防衛庁の意向を強く反映するものとなっている[117]。

渡邉草稿案は、第一七回（七月一三日）において議論された。この議論に基づく大きな修正点が一つあった。それは、日米安全保障体制の重要性をより強調するための修正である。複数の委員から提案されたことにより、多角的安全保障協力に関する節から日米安全保障協力を別の節として独立させることになった[118]。

報告書第三章への西廣委員の影響

第八回（四月二七日）の「メンバーによる所見の中間発言」のために、西廣委員は、①安全保障・防衛政策の国内外への発信、②自衛隊リストラの基本的方向、および③経費の節減を三本柱とする二枚紙の発言要旨を提出している[119]。報告書第三章に関連するのは、二つ目と三つ目の柱である。

この発言要旨のなかで西廣らしい主張は、自衛隊リストラの基本的方向に関する考え方である。西廣は、「第2世代型の部隊（大量の兵員、武器を用い大量破壊を目的とするタイプ）の合理化」と「第3世代の部隊（精密誘導兵器等を活用する）の新設、強化」を提言した。このアイディアは、アルビン・トフラー（Alvin Toffler）の「第三の波」論に触発されたものであるという[120]。この提言は、報告書では「従来の重厚長大型の兵器からコンパクトで高性能の精密誘導型兵器へと、ウェートが大きく変化してきており」という、軍事科学技術の動向について書かれた表現に反映されるに留まった[121]。

その他の提言は、報告書第三章において基本的に採用されている。第二の柱の具体的な提言には、C３Ｉ部門の強化、ＴＭＤ、情報力の強化（情報分析要員の養成と処遇改善を含む）、指揮通信機能の統合化・ソフトウェアの重視、人的予備制度が書き込まれた。また、第三の柱である経費節減については、米国等との共同開発、共同生産、基地の集約整理のための特別会計、および在日米軍駐留経費のより柔軟な使用という三点が入った。ただし、これらの提言は、防衛庁から同じタイミングで出された「防衛機能のレビュー」の考え方と基本的に同一である。

懇談会全体を通じて、西廣は、比較的自由に個人的な意見を述べながら積極的に発言していた[122]。佐久間の口述記録によれば、西廣は彼に対して「俺はこのあいだ中、防衛庁関係の意見は一切聞かなかった」と明言したという[123]。防衛懇では「時に鋭く、時に厳しく、防衛庁に対しても容赦なく議論を展開」したとのことである[124]。

しかし、西廣独自の見解はあまり報告書に影響を与えなかったことに留意する必要がある。注目すべき例を三つ挙げよう。一つ目の例は、自衛隊の任務から災害派遣を外すとの個人的な考えである。それは、自衛隊のコンパクト化を進めるためのものではあったが、防衛庁の組織的な意見と異なっていた。第三回の懇談会で、その任務を地方公共団体へ返上したらどうかとの持論を西廣が主張したところ、説明者として同席していた冨澤暉陸上幕僚長から、現実可能性と防衛基盤の育成の観点から「先輩の御意見でございますが、同意出来ません」と反論されている[125]。この論点は、報告書に盛り込まれなかった。

第二の例は、現行憲法を改正しなくても国連による集団安全保障に自衛隊が参加できるという主張である。西廣は、第一六回にわざわざ「集団安全保障について」という議題を設けて問題提起をした。だが、同席していた津野修内閣法制局第一部長から反論されただけでなく、ほかの委員からも異論があった[126]。結局のところ、最終の報告書では「国連加盟国のすべてが、『武力による威嚇又は武力の行使』を慎むことを、国際社会全体に対して誓約しているのであり、日本国憲法第9条の規定も、その精神においてこれと合致している」という無難な表現に落ち着き、集団安全保障との関係が不明瞭になってしまった[127]。

西廣の個人的な意見が通らなかった三つ目の例は、報告書からの「空中給油機」の削除である。第一七回の第三章草稿案に関する議論において、「こんな具体的な細かいことまで書く必要ない」、その後に「長距離輸送能力」と書いてあるので、そこに給油機が含まれていると考えることができるなどと発言した[128]。さらに第一八回においても、西廣はこの主張を補足しながら繰り返したが、佐久間や大河原から長距離輸送能力とともに空中給油機能も報告書に残すべきだとの反論にあった[129]。空中給油機の導入は、防衛庁の悲願となっていたのである[130]。最終的に、報告書は、佐久間や大河原の意見を採用している。

おわりに

防衛懇の報告書は、「新たな『防衛計画の大綱』の骨格」となる画期的な提言をすることに成功した。また、〇七大綱を超えて冷戦後における日本の防衛政策の方向を示すこともできた。これが可能であったのは、防衛庁が防衛懇に主導的関与をしたからであった。ここで注意すべきなのは、防衛庁といっても一枚岩の集団と考えないほうがよいということである。秋山が示唆していたとおり、比較的自由に行動・発言していた西廣顧問と、畠山次官が実質的に率いていた防衛庁の組織(庁内検討会議や防衛局)を分けて考える必要がある。ちなみに、佐久間前統幕議長と西元統幕議長は、畠山との連携を通じて制服組とのパイプ役を果たしていた。

西廣顧問と防衛庁組織のどちらがより主導的であったのかという問いに対する答えは、防衛懇のどの側面に注目するかで変わってくる。防衛懇の設立や運営においては、陪席者であった畠山よりも、細川首相の意向を受けて懇談会を立ち上げ自ら委員となった西廣のほうが中心的な立場にあった。他方で、防衛力の新しいあり方に関する報告書第三章への影響という点では、庁内検討会議での審議結果に基づく説明や、第三章草稿原案の提示という方法により、防衛庁の組織的な考えのほうが優っていた。

つまり、すでに四年ほど前に第一線を退いていた西廣の個人的な考えが報告書のベースになっていたわけではないのである。冷戦後の防衛力のあり方検討において、西廣構想なるものの存在や影響力を過度に強調するのは不適切である。近年、冷戦期における「防衛大綱立案過程全体のなかでの久保構想の位置づけを相対化」して、当時、防衛局防衛課長だった西廣の役割を重視する研究[131]が出てきていることを考えると、この結論は対照的で興味深い。

本章では防衛庁の主導性を強調してきた。しかし、防衛懇は、防衛庁の単なる「隠れ蓑」では決してなかった[132]。ここで、懇談会と平行して、庁内検討会議が開かれていたことを想起すべきである。「隠れ蓑」論でいう「最初に結論ありき」ではなかったのである[133]。防衛懇には、少なくとも三つの役割があった。

第一の役割は、防衛懇の趣旨として明記されていたとおり、防衛庁のあり方検討に対するコメントの付与であった[134]。防衛懇の目的は、政府内には存在しない「専門的知識や経験の吸収」というよりは、むしろ政策問題に新しい視点をもたらしたり官僚的な偏見を正したりするような外部の独立した「専門的意見の聴取」であった[135]。例えば、当初、畠山次官や村田局長はPKF本体業務の凍結解除についてどちらかといえば慎重な態度であったが、委員から積極的な意見が出た後、防衛庁草稿原案では「早期に解除されなければならない」との積極的な表記となった[136]。

防衛懇の二つ目の役割としては、大物OBの起用を通じた防衛庁内および政府内の合意形成があった。防衛懇の報告後に新たな防衛計画の大綱を策定するには、関係省庁間の調整を経て、安全保障会議や閣議での決定が必要になってくる[137]。関係省庁の見解について外務省、通産省、および大蔵省の大物ＯＢを通じて取り入れ調整し報告書を作成することが、後の大綱作成をスムーズにすることを期待してのことであったはずである。

防衛懇の三つ目の役割は、日本の防衛政策への国民の理解促進であった[138]。自由な議論を確保することもあり懇談会やその議事録は非公開とされたが、毎回の会合の後には、通常、樋口座長が記者会見を開き、質疑応答では西廣委員が補佐していた[139]。財界人を座長と座長代理としてメンバーに加えた防衛懇は、「外部への共鳴」を引き起こす、すなわち社会的合意形成を促進することも期待されていた[140]。それが、委員の間での自由な議論に基づき、大学教授であった渡邉に報告書を起草したもらった理由であろう[141]。いかにも役所が書いた官僚的文書にならずにすんだのである。

要するに、防衛懇は、実質的には防衛庁の諮問機関であった。しかし、形式的には首相の私的諮問機関であったことにより、他省庁や政党からの積極的な介入を回避しつつ[142]、広く注目を集めて、防衛力のあり方に関する政府内の合意形成や国民の理解促進にも貢献できたのであろう[143]。

註

1——内閣官房内閣安全保障室編、防衛問題懇談会〔原編〕『日本の安全保障と防衛力のあり方——21世紀へ向けての展望』大蔵省印刷局、一九九四年、一頁。「防衛問題懇談会の開催について」一九九四年二月二三日、内閣総理大臣決裁、第一回（二月二八日）資料三（防衛庁防衛局『防衛力の在り方についての検討——21世紀に向けての課題と展望』一九九六年二月、二七頁にも所収されている）。

2——内閣安全保障室「防衛問題懇談会　第1回議事録」一頁。

3——近代日本史料研究会（ＫＩＮＳ）編『佐久間一（元統合幕僚会議議長）オーラルヒストリー』下、政策研究大学院大学、二〇〇八年、二〇三頁。「渡辺昭夫氏インタビュー」一九九八年一二月五日、三頁、National Security Archive, “U.S.-Japan Project, Oral History Program,” http://nsarchive.gwu.edu/japan/awatanabe.pdf、二〇一六年二月三日アクセス。一九九三年一〇月三一日の自衛隊観閲式においては、前代未聞の平服で臨み「冷戦構造の下で、およそ20年前に策定された『防衛計画の大綱』が、目覚ましい科学技術の進歩を考えると、今果たして時代に適合したものか、改めて基本的な考え方を整理して見る必要がある。急激に変わった国際環境の中で、世界のどの国にも率先して、わが国が平和を主導し、軍縮のイニシアチブをとっていかなければならない」と訓示した。細川護熙『内訟録――細川護熙総理大臣日記』伊集院敦構成、日本経済新聞出版社、二〇一〇年、一四八頁。

4――「渡辺昭夫氏」四頁。渡邉昭夫「述」「樋口レポートを中心に戦後日本の防衛・安全保障政策の流れを辿る」報告、六七頁、近代日本史料研究会（KINS）編『戦後日本研究会・近代日本史料研究会　報告集2』近代日本史料研究会、二〇〇七年。

5――防衛庁編『防衛白書』平成八年版、大蔵省印刷局、一九九六年、防衛年表、とくに三九九～四〇二頁。

6――防衛を考える会における坂田長官の政治的リーダーシップについては、次の文献を参照。大嶽秀夫『日本の防衛と国内政治――デタントから軍拡へ』三一書房、一九八三年、一一七～一三〇頁。佐瀬昌盛『むしろ素人の方がよい――防衛庁長官・坂田道太が成し遂げた政策の大転換』新潮選書、二〇一四年、第二章。

7――内閣官房編『日本の安全保障と防衛力のあり方』。報告書は、「第1章　冷戦後の世界とアジア・太平洋」、「第2章　日本の安全保障政策と防衛力についての基本的考え方」、および「第3章　新たな時代における防衛力のあり方」の三章からなっている。ちなみに、第三章が報告書全体の六割程度を占めている。

8――「渡辺昭夫氏」一一頁。秋山昌廣『日米の戦略対話が始まった――安保再定義の舞台裏』亜紀書房、二〇〇二年、四三頁。『産経新聞』一九九四年八月一三日、総合・内政面。

9――懇談会報告書と「平成8年度以降に係る防衛計画の大綱」の関係については、次の文献に限定的な言及がある。渡邉昭夫「日本はルビコンを渡ったのか？――樋口レポート以後の日本の防衛政策を検討する」『国際安全保障』第三一巻第三号、二〇〇三年一二月、七三～八五頁。柴田晃芳『冷戦後日本の防衛政策――日米同盟深化の起源』北海道大学出版会、二〇一一年、二三九～二五〇頁。

10――佐道明広『自衛隊史論――政・官・軍・民の60年』吉川弘文館、二〇一五年、一五九頁。外岡秀俊、本田優、三浦俊章『日米同盟半世紀――安保と密約』朝日新聞社、二〇〇一年、四九三頁。船橋洋一『同盟漂流』岩波書店、一九九七年、二六一、二六三〜二六四頁。

11——当時、経理局長であった秋山は、防衛関係費の説明をするため第五回に出席した以外は、懇談会に参加していないと思われる。ＫＩＮＳ編『佐久間』下、二〇六頁。「防衛問題懇談会（第５回）議事進行メモ」。しかしながら、一九九五年四月に防衛局長に就任した後に、懇談会の報告書、議事録、および参考資料を読破したという。秋山『日米の戦略対話』二二頁。

12——同上、三七〜四〇頁。

13——同上、四〇頁。

14——同上、三九頁。

15——内閣安全保障室「防衛問題懇談会　議事録」各回。以下、「第〇回議事録」と略す。

16——「防衛問題懇談会　議事進行メモ」各回。このメモは、回を重ねるにつれて、懇談会での説明者の所属や名前を明記するようになった。以下、「第〇回議事進行メモ」と略す。

17——毎回の懇談会で配布された資料は、「議事次第」に列挙された。以下、「資料名」第〇回（〇月〇日）資料〇［資料番号］と表記する。なお、議事次第に列挙されなかった配布資料もあった。

18——本章は、報告書草稿として、以下の資料を使用した。①「第３章　新たな時代における防衛力の意義・役割」、②「第３章　新たな時代における防衛力のあり方」、③「日本の安全保障と防衛力のあり方——21世紀へ向けての展望（改訂稿、1994.7.20）」、④「日本の安全保障と防衛力のあり方——21世紀へ向けての展望（三訂稿、1994.7.27）」。①は、タイトルの真横に手書きで「（防衛庁初稿）」とある。この資料（全三五頁）は、すでに佐久間や西元のコメント（六月二二日）を踏まえたものとなっている。佐久間一「『第３章　新たな時代における防衛力の意義・役割』に対する所見」一九九四年六月二二日。「第３章についてとりあえずの意見、次のとおり」一九九四年六月二二日（手書きで「西元議長」とあり）。②は、渡邉委員が起草して、第一七回（七月一三日）で議論された資料である。③と④は、それぞれ第一八回、第一九回で議論された資料である。③の表紙には「06. 07. 23 (0430)——清書版」との記載がある。以下、①は「第３章」防衛庁草稿原案、②は「第３章」渡邉草稿案、③は「日本の安全保障と防衛力のあり方（改訂稿）」、④は「日本の安全保障と防衛力のあり方（三訂稿）」と略す。

19——ＫＩＮＳ編『佐久間』下。防衛省防衛研究所戦史部（ＮＩＤＳ）編『佐久間一オーラル・ヒストリー：元統合幕僚会議議長』下巻、防衛省防衛研究所、二〇〇七年。防衛省防衛研究所戦史部（ＮＩＤＳ）編『西元徹也オーラル・ヒストリー――元統合幕僚会議議長』上巻・下巻、防衛省防衛研究所、二〇一〇年。渡邉昭夫「〈特別講演〉今後の日本の安全保障政策と防衛力――防衛問題懇談会の報告をめぐって」『防衛学研究』第一三号、一九九五年三月、一二〜三一頁。渡邉「日本はルビコンを渡ったのか?」。「渡辺昭夫氏」。渡邉「樋口レポートを中心に」。

20―「防衛問題懇談会の開催について」。

21―内閣官房編『日本の安全保障と防衛力のあり方』二八頁。渡邉によると、西廣は、「大綱なんて書くと、また10年間動かない。いまはそんな時代じゃないから、大綱はもうやめて、それこそ4年ごとではないけれど、もう少し自由に動けるような形にしたほうがいいのではないか」と述べていたという。渡邉「樋口レポートを中心に」六八頁。

22―「平成8年度以降に係る防衛計画の大綱について」一九九五年一一月二八日、安全保障会議決定・閣議決定(防衛庁編『防衛白書』平成八年版、三一三〜三二一頁に所収)。

23―秋山『日米の戦略対話』四三、一〇九頁。

24―「『防衛力の在り方検討会議』の経過」(防衛庁『防衛力の在り方についての検討』一一五頁に所収)。

25―秋山『日米の戦略対話』六五〜七七頁。日米政府間の意見交換が〇七大綱に与えた影響については、拙論「軍事力を基盤とするソフト・パワー――ナイ・イニシアチブを事例として」『国際安全保障』第三九巻第四号、二〇一二年三月、五〇〜六五頁を参照。

26―本節における引用は、とくに断りのないかぎり、報告書と〇七大綱からのものである。

27―防衛懇の報告書提出後における大綱見直しの過程については、次の文献を参照。秋山『日米の戦略対話』六四〜七七頁。

28―ただし、〇七大綱が国際平和協力業務を防衛力の役割に含めたことは、少なくとも間接的には、いわゆるPKO別組織論への反対という報告書の立場を引き継いだことになる。細川首相は、就任直後に、PKOには自衛隊以外の別組織を活用すべきであると主張していた。『朝日新聞』一九九三年一〇月二四日、二面。

29―〇七大綱は、本来任務化についてなにも書いていないが、「行政執行のあり方」を意味する「態勢」という面において、国際平和協力業務等の適時適切な実施に言及している。秋山『日米の戦略対話』一六一頁。

30―七月二七日の三訂稿では「凍結規定は早急に解除されなければならない」と書かれていた。「日本の安全保障と防衛力のあり方(三訂稿)」。村山首相がPKF問題を気にしたため、表現が後退したのだという。「渡辺昭夫氏」二一頁。秋山『日米の戦略対話』四二頁。『毎日新聞』一九九四年八月一六日、三面。

31――田村重信、高橋憲一、島田和久編『日本の防衛法制』第二版、内外出版、一〇五～一一〇、四三八～四四一頁。

32――防衛省編『防衛白書』平成二七年版、日経印刷株式会社、二〇一五年、一四一頁。

33――一九九五年秋以降に開催された日米防衛首脳会談などにおいて、ACSA早期締結の方針が定められていた。防衛庁編『防衛白書』平成八年版、二二〇頁。

34――「第3章」防衛庁草稿原案には、基本的考え方と改革の具体策との関係がわかりやすく書かれている。

35――報告書においても、ほかのところで「防衛力の合理化・効率化」という〇七大綱と同じ表現が使われている。内閣官房編『日本の安全保障と防衛力のあり方』二五頁。なお、〇七大綱策定時の陸上幕僚長であった冨澤暉は、「筆者は英和辞典でコンパクトの訳の中に単なる「小型の」というものとは別に「中身のギッシリ詰まった」という意味があるのを確認して「これだ」と考えていた」と述懐している。冨澤暉「「防衛計画の大綱」の変遷」『防衛学研究』第四一号、二〇〇九年、六〇頁。

36――NIDS編『西元』下、二〇一頁。秋山『日米の戦略対話』六四頁。

37――「中期防衛力整備計画(平成13年度～平成17年度)について」二〇〇〇年一二月一五日、安全保障会議決定・閣議決定(防衛庁編『防衛白書』平成一三年版、財務省印刷局、二〇〇一年、二七五～二七九頁に所収)。同上、九九～一〇〇頁も参照。

38――防衛庁編『防衛白書』平成一六年版、国立印刷局、二〇〇四年、第六章第三節。

39――松田康博、細野英揮「第8章　日本――安全保障会議と内閣官房」松田康博編『NSC国家安全保障会議――危機管理・安保政策統合メカニズムの比較研究』彩流社、二〇〇九年。

40――「国家安全保障戦略」二〇一三年一二月一七日、国家安全保障会議決定・閣議決定、「平成26年度以降に係る防衛計画の大綱について」二〇一三年一二月一七日、国家安全保障会議決定・閣議決定(防衛省編『防衛白書』平成二六年版、三七八～三八七、三八八～三九五頁に所収)。

41――防衛懇の終了後、〇七大綱の策定に向けて内閣安全保障会議での審議にやっと辿り着いた一九九五年六月には畠山が、〇七大綱が閣議決定された一一月二八日の翌週には西廣が、相次いで世を去った。国内政治が極めて不安定であり政治的なリーダーシップが存在しなかった状況において、防衛庁の西廣顧問と畠山次官は共に、まさに身命を賭して防衛懇に取り組んだといえる。秋山『日米の戦略対話』六六、九一頁。船橋『同盟漂流』二六七～二七〇頁。

42――防衛研究会編『防衛庁・自衛隊』新版、かや書房、一九九六年、五三、五五頁。船橋『同盟漂流』二七〇頁。西廣

は、防衛庁が設置された二年後の一九五六年に幹部候補生の第二期生として入庁した。西廣の経歴については、次の文献にある「年譜」を参照。西廣整輝追悼集刊行会編『西廣整輝――追悼集』西廣整輝追悼集刊行会、一九九六年、三九二～三九六頁。

43 真田尚剛「戦後日本の防衛政策史 1969～1976年――防衛大綱に至る過程を中心に」二〇一四年度博士論文、立教大学21世紀社会デザイン研究科、第五章。千々和泰明「未完の『脱脅威論』――基盤的防衛力構想再考」『防衛研究所紀要』第一八巻第一号、二〇一五年一一月、一三一～一四八頁。

44 『日本経済新聞』一九八八年六月一七日、二面。船橋『同盟漂流』二七〇頁。畠山は、防衛局長として「国連平和維持活動等に対する協力に関する法」(PKO法、国際平和協力法)の立法作業や、その法律に基づくカンボジアやモザンビークへの自衛隊派遣に関わった経歴も持つ。畠山蕃「各省局長に聞く――PKOいざ本番！アジアの平和と安定は日本の責務」『月刊官界』第一八巻第一一号、一九九二年一一月、一三〇～一三八頁。

45 『日本経済新聞』一九八八年六月一七日、二面。『読売新聞』一九八九年一月二八日、二面。

46 防衛庁編『防衛白書』平成八年版、一一三頁。

47 及川正也「毎日新聞　防衛庁の意向をトレースした報告書」『Securitarian』第一〇巻第四二九号、一九九四年一〇月、二〇～二一頁。

48 NIDS編『西元』上、二四七～二五二、二五七～二六六頁。『日本経済新聞』一九九〇年六月五日、一面。『日本経済新聞』一九九〇年六月一六日、一面。『毎日新聞』一九九〇年六月一八日、一面。『読売新聞』一九九〇年八月八日、二面。

49 NIDS編『西元』上、二五九頁。

50 『朝日新聞』一九九〇年七月一日、一面。

51 『朝日新聞』一九九〇年七月三日、二面。

52 『読売新聞』一九九〇年一一月一六日夕刊、二面。

53 「中期防衛力整備計画(平成3年度～平成7年度)について」一九九〇年一二月二〇日、安全保障会議決定・閣議決定(防衛庁編『防衛白書』平成三年版、大蔵省印刷局、一九九一年、二五〇～二五四頁に所収)。

54 防衛庁編『防衛白書』平成六年版、大蔵省印刷局、一九九三年、一五〇頁。防衛庁防衛局「『新時代の防衛を語る会』(仮称)の設置について」一九九三年六月一四日、「『新時代の防衛を語る会』委員名簿」(防衛庁『防衛力の在り方についての検討』一三、一四頁に所収)。語る会の趣旨は、「内外情勢の大きな変化を踏まえつつ、中長的な視点に立って、今後の我が国の防衛について各界の識者の意見に広く耳を傾け、将来の防衛力の在り方を検討する際の資とする」ことであった。

55――『朝日新聞』一九九三年六月一五日、七面。

56――『朝日新聞』一九九三年六月一二日、三面。

57――「『新時代の防衛を語る会』各回テーマ」(防衛庁『防衛力の在り方についての検討』一五頁に所収)。

58――畠山蕃『当面する安全保障の諸問題』講演シリーズ四四〇号、内外情勢調査会、一九九三年。

59――秋山『日米の戦略対話』三七頁。『朝日新聞』一九九三年九月三〇日、一面。

60――『読売新聞』一九九四年三月一日、三面。NIDS編『西元』下、一八一頁。山下毅「報告は実現できるのか?」『Securitarian』第一〇巻第四二九号、一九九四年一〇月、二三頁。

61――細川『内訟録』八五頁。

62――船橋『同盟漂流』二六一頁。

63――『朝日新聞』一九九四年二月二五日、七面。『読売新聞』一九九四年三月一日、三面。細川『内訟録』一〇三頁。

64――KINS編『佐久間』下、二〇八頁。NIDS編『佐久間』下、二二四~二二五頁。『朝日新聞』一九九四年二月二五日、七面。

65――畠山「当面する安全保障の諸問題」二五頁。

66――NIDS編『西元』下、一八五頁。『朝日新聞』一九九五年〇四月一日、夕刊、五面。「畠山蕃・防衛庁防衛審議官」松澤幸一記『軍事研究』第二四巻第一号、一九八九年一月、一一八頁。なお、「当時の畠山防衛事務次官(中略)は、細川氏が熊本県知事だった時代の県企画部長を経験しており」との秋山の記述は正確ではない。秋山『日米の戦略対話』三二頁。

67――秋山『日米の戦略対話』三四頁。KINS編『佐久間』下、二〇三頁。『読売新聞』一九九四年三月一日、三面。

68――『読売新聞』一九九四年三月一日、三面。

69――諸井虔「西廣会の思い出」追悼集刊行会編『西廣整輝』二九八頁。NIDS編『西元』下、一八五頁。「渡辺昭夫氏」二頁。

70――渡邉「樋口レポートを中心に」六四頁。「渡辺昭夫氏」の口述記録では、村田防衛局長が訪問したことになっているが、これは間違いであることを本人に確認した。「渡辺昭夫氏」一頁。渡邉昭夫、インタビュー、八王子、二〇一六年二月二〇日。東大文学部国史学科において、渡邉は西廣の後輩であったが、そのことは委員選出の理由としてはあまり重要ではなかったようである。渡辺昭夫「西廣氏を偲ぶ」追悼集刊行会編『西廣整輝』三一四〜三一六頁。『読売新聞』一九九四年三月一日、三面。

71——NIDS編『佐久間』下、二一四頁。KINS編『佐久間』下、二〇四頁。

72——『朝日新聞』一九九四年二月二五日、七面。猪口は、三名程度の女性候補から細川首相によって選ばれたという。ただ、畠山局長が設置した「新時代の防衛を語る会」のメンバーでもあった。NIDS編『佐久間』下、二一四頁。KINS編『佐久間』下、二〇四頁。「渡辺昭夫氏」二頁。渡邉「樋口レポートを中心に」六六頁。『新時代の防衛を語る会』委員名簿」。

73——『毎日新聞』一九九四年二月二日、一面。

74——NIDS編『佐久間』下、二一二〜二一四頁。KINS編『佐久間』下、二〇二〜二〇三頁。『毎日新聞』一九九四年一月二〇日、三面。『産経新聞』一九九四年一月二三日、総合・内政面。『朝日新聞』一九九三年一二月二九日、三面。当時の顧問は、週に一回半日だけ勤務をすることになっていたという。NIDS編『佐久間』下、二一三頁。

75——KINS編『佐久間』下、七二、二〇三頁。

76——『産経新聞』一九九四年一月二三日、総合・内政面。

77——NIDS編『佐久間』下、二一三頁。

78——「防衛問題懇談会の開催について」。

79——田中明彦は、「これまでの安全保障政策に関する総理や防衛庁長官の私的諮問機関より、より『実践的』ともいえた」と評している。田中明彦『安全保障——戦後50年の模索』読売新聞社、一九九七年、三二七頁。

80——委員であった佐久間の口述記録によれば、石原信雄官房副長官は「人数を絞ったということと、フリーでやってもらったということが、今までと全然違うね。だから、みんな率直な発言があったね」という感想を述べていたという。KINS編『佐久間』下、二〇四頁。次の文献も参照。NIDS編『佐久間』下、二一五頁。秋山『日米の戦略対話』三九〜四〇頁。

81——その後に開催された安全保障と防衛力に関する懇談会の開催数は、それぞれ一三回(二〇〇四年)、九回(二〇一〇年)、および七回(二〇一三年)であった。井形彬「『国家安全保障戦略』の作成過程――第2次安倍政権下の3つの懇談会」『国際安全保障』第四二巻第四号、二〇一五年三月、三頁。

82――「第9回議事録」三八頁。「第10回議事進行メモ」。

83――「防衛問題懇談会の開催について」。

84――NIDS編『西元』下、二〇七頁。

85――KINS編『佐久間』下、二〇九頁。NIDS編『佐久間』下、二一六頁。

86――関係省庁の扱ったテーマ数は、以下のとおりである。防衛庁(24、その内、防衛局は12)、外務省(5)、通産省(2)、大蔵省(1)、国際平和協力本部事務局(1)、内閣情報調査室(1)、内閣安保室(1)、内閣法制局(1)。

87――「防衛問題懇談会の開催について」。松田、細野「第8章　日本」。防衛研究会編『防衛庁・自衛隊』一七二～一七三頁。秋山『日米の戦略対話』、六八頁。

88――「第2回以降議題試案」第一回(二月二八日)資料五。「第2回議事進行メモ」。

89――ジョセフ・ナイ『不滅の大国アメリカ』久保伸太郎訳、読売新聞社、一九九〇年、四七頁。ジョセフ・S・ナイ『アメリカへの警告――21世紀国際政治のパワー・ゲーム』山岡洋一訳、日本経済新聞出版社、二〇〇二年、三一四頁(注29)。Peter Bachrach and Morton S. Baratz, "Decisions and Nondecisions: An Analytical Framework," *American Political Science Review*, Vol. 57, No. 3, 1963, pp. 632-642.

90――「第1回議事録」。この議事録には手書きで発言者名が書かれている。

91――NIDS編『佐久間』下、二二五頁。

92――NIDS編『西元』下、一九四～一九五頁。

93――統合幕僚会議議長「我が国を取り巻く軍事情勢」第二回(三月九日)資料八。統合幕僚会議議長「我が国の安全保障に関連の深い地域の軍事情勢」第三回(三月一六日)資料四。統合幕僚会議議長「統合機能の現状の問題点」第三回(三月一六日)資料五。

94――第一四回の「重要論点についての議論」の「基本的な考え方」は、畠山が説明している。「第14回議事進行メモ」。

95――防衛庁防衛局「『防衛力の在り方検討会議』の設置について」一九九四年二月二五日(防衛庁『防衛力の在り方についての検討』一一三頁に所収)。庁内検討会議は、防衛計画の大綱が決定された後の一九九五年一二月まで計一二回開催された。「『防衛力の在り方検討会議』の経過」。

96――『朝日新聞』一九九四年二月二五日、七面。
97――「第8回議事録」。「防衛機能のレビュー」第八回（四月二七日）資料四。
98――畠山『当面する安全保障の諸問題』。
99――「第12回議事録」一頁。庁内検討会議は、第九回（六月三日）までは防衛懇と平行して開催されていたが、その後、第一〇回（一一月一六日）までおよそ五か月間休止となった。『防衛力の在り方検討会議』の経過」。
100――「防衛力の在り方についての一つの考え方」第一二回（六月一日）資料三。
101――「第14回議事録」二五頁。
102――「第14回議事進行メモ」。直前の六月八日には全日空ホテルで、懇談会の主要メンバー（樋口座長・西廣委員・渡邉委員）と現役の防衛庁関係者（西元統幕議長・防衛政策課長・計画課長）が少人数の非公式会合を持った。そこでは、防衛力のあり方について未解決であった五つの重要問題について決着をつけている。それらの問題とは、①統合機能の強化、②陸・海・空自衛隊の規模、③PKO別組織論への反論・本来任務化、④日米協調のあり方、および⑤海上交通路の防衛であった。とくに「懇談会最大の問題」であった②は、主に陸上自衛隊を対象としていたが、削減の数字を明記する「補償として新たな予備自衛官制度の導入」を併記することで折り合いをつけた。その際、三自衛隊の規模について「西元さん、最終的に二十四万人でいいね」と念を押す場面があった。以上のことから、この非公式会合は、現役自衛官のトップである西元統幕議長から重要問題について同意を得ておくという意味合いがあったと思われる。NIDS編『西元』下、二〇〇～二〇四頁。
103――防衛懇報告書に参考資料として掲載されている「防衛問題懇談会の経過」においては、第一六回に「重要論点についての議論」という表現はないが、第一五回の議事録には、次回「重要論点の続き」を行うと座長が発言している。「第15回議事録」四四頁。また、次の資料も参照。「『防衛問題懇談会』の議題一覧（第1回～第20回）」（防衛庁『防衛力の在り方についての検討』三二頁に所収）。
104――「第12回議事録」。「第14回議事録」。「第15回議事録」。「重要論点について」第一四回（六月一三日）資料五。「シーレーン防衛についての一つの考え方」第一五回（六月二二日）資料三。「陸上自衛隊18万人体制の見直しについての一つの考え方」第一五回（六月二二日）資料四。
105――「第16回議事録」。「国際平和協力業務についての一つの考え方」第一六回（六月二七日）資料五。
106――「第15回議事録」四三頁。他方で「従来の予備自衛官制度をどうするかということは、そこに新たなソースをどうのこうのというのは、余りバイタルな話ではないです」との発言もあった。

107――「第6回議事録」三八頁。

108――「渡辺昭夫氏」六頁。渡邉〈特別講演〉」一三頁も参照。

109――NIDS編『佐久間』下、二二三頁。各委員は、その発言要旨を事前に書面で提出することも求められた。防衛庁顧問であった佐久間は、一二頁にわたる詳細な発言要旨を提出してきた。佐久間一「今後の安全保障政策及び防衛政策」一九九四年四月二五日、全一二頁(第八回(四月二七日)で配布された資料「各委員の発言要旨」に所収)。佐久間本人は、「これは、自分で書いたつもりです」と述べているが、渡邉は「当然サポートする組織があるわけですから、そういう考え方を入れたようなかなり詳しいものを書いてくる」と回顧している。NIDS編『佐久間』下、二一五頁。「渡辺昭夫氏」六頁。ちなみに、組織的なサポートに頼らなかったと思われる西廣や渡邉の発言要旨は、それぞれ二枚であった。

110――NIDS編『佐久間』下、二一五頁。

111――「第9回議事録」二五頁。「メモ」一九九四年五月六日(渡邉昭夫氏所蔵)。「メモ」と言う表題の横に、手書きで「(防衛庁)」と書かれている。渡邉は、後の懇談会の席上で、このメモの改訂版について「せっかく畠山さんに作っていただいて」と発言している。「第10回議事録」八頁。

112――このメモは、その後改訂されて、第九回と第一〇回の議題「今後の議論の進め方」、「今後の議論のための枠組み」の資料となった。「メモ」一九九四年五月一一日(渡邉昭夫氏所蔵)。この改訂されたメモこそ、報告書全体の骨組の原案といえるものであった。なお、三章構成の基本的な考えについては、懇談会の開始前にすでに決まっていたようである。「渡辺昭夫氏」三頁。

113――「第13回議事録」三一頁。「第3章」防衛庁草稿原案の作成にあたって、畠山が大きな役割を果たしたことは間違いない。佐久間の口述記録には、「樋口レポートをつくる最後の段階で、畠山さんと私は相当具体的な話をしました」、「実際のペーパーづくりは畠山さんと話をした」とある。KINS編『佐久間』下、二〇八、二〇九頁。

114――「渡辺昭夫氏」六〜七頁。渡邉「樋口レポートを中心に」六八〜六九頁。

115――「第3章」防衛庁草稿原案の第二節第六項の「上記改革にあわせ実施すべき事項」の中で、(1)人事施策、(2)予備自衛官制度、(4)駐屯地等の統廃合、および(5)人材の育成は、渡邉草稿案では第二節の「改革の具体策」のところにまとめられた。

116——渡邉「樋口レポートを中心に」六九頁。

117——報告書の概略の説明が行われた八月五日の記者会ブリーフィングでは、報告書の第一・二章は渡邉委員が説明を担当したが、他方で第三章の担当は西廣委員であった。「防衛問題懇談会　記者会　ブリーフィング」一九九四年八月五日、手描きのメモ（渡邉昭夫氏所蔵）。

118——「第17回議事録」二二、二九、三一頁。「第18回議事録」三頁。

119——西廣委員によるメモ、全二頁（「各委員の発言要旨」に所収）。

120——ＫＩＮＳ編『佐久間』下、二〇六頁。ＮＩＤＳ編『佐久間』下、二一九頁。アルビン・トフラー、ハイジ・トフラー『アルビン・トフラーの戦争と平和——21世紀、日本への警鐘』徳山二郎訳、扶桑社、一九九三年、四三頁。Alvin and Heidi Toffler, *War and Anti-War: Survival at the Dawn of the 21st Century*, Boston: Little, Brown, 1993.

121——西廣の軍事革命（ＲＭＡ）への関心は、八〇年代後半の局長時代に遡る。西廣整輝防衛局長を座長とする「陸上防衛態勢研究会」は、一九八八年一月には陸上防衛構想素案なるものをまとめていた。この素案は、「火力の威力・精度の向上、射程の増大」や、「指揮、統制、通信・情報（Ｃ３Ｉ）能力の向上」といった軍事科学技術の発達を有効に取り入れて、「前方対処、早期撃破」戦略へ転換するというものであった。『読売新聞』一九八八年一月一九日、一面。

122——ＮＩＤＳ編『佐久間』下、二一六頁。

123——ＫＩＮＳ編『佐久間』下、二一〇頁。ＮＩＤＳ編『佐久間』下、二二四頁。

124——諸井「西廣会の思い出」二九九頁。

125——「第3回議事録」三五頁。ＫＩＮＳ編『佐久間』下、五五、二一〇〜二一一頁。ＮＩＤＳ編『西元』下、一八六、一九四頁も参照。

126——「第16回議事進行メモ」。「第16回議事録」三一頁。「国連による集団安全保障の重要性」第一六回（六月二七日）資料四。当初第三章の渡邉草稿案に書き込まれたが、「大きな問題」であるとして第二章の多角的安全保障協力に関するところに移すことになった。「第17回議事録」二九、三四頁。「第3章」渡邉草稿案。「日本の安全保障と防衛力のあり方（改訂稿）」。

127——内閣官房編『日本の安全保障と防衛力のあり方』八頁。渡邉「〈特別講演〉」二三〜二四頁。『毎日新聞』一九九四年八月一六日、三面。半田滋「国際派と護憲派の同床異夢」『Securitarian』第一〇巻第四二九号、一九九四年十月、二二〜二三頁。

128――「第17回議事録」、二八頁。発言者は、以下の資料から特定した。「改訂稿(6.7.20)に対する各委員の意見の概要」(「日本の安全保障と防衛力のあり方(改訂稿)」の右頁にある委員の意見)。

129――「第18回議事録」七~八、一七、二五、三六~四〇頁。「日本の安全保障と防衛力のあり方(改訂稿)」二六頁。さらに、西廣は、航空自衛隊に空中給油機を認めるのならば、三自衛隊間のバランスから、当時、航空自衛隊が所管していたパトリオット・ミサイルを陸上自衛隊に移管すべきとの主張も行っているが、こちらも「フィージビリティ上必ずしも自信が持てない」と防衛庁側から反論されている。「第18回議事録」三八、三九頁。

130――防衛庁は、八〇年代後半から、空中給油機能について検討を行ってきた。しかし、空中給油機能は、飛行機の航続距離が延長されることになることから、国会において専守防衛の観点から議論があった。「第18回議事録」三八頁。防衛庁編『防衛白書』平成一三年版、九九頁。『読売新聞』一九八八年一月一九日、一面。

131――千々和「未完の『脱脅威論』」一三三頁。真田「戦後日本の防衛政策史」第五章も参照。

132――審議会や私的諮問機関への批判としては、官僚側には結論が最初からあり、ただその結論について政府外の有識者のグループからお墨付きを得るために利用されているだけであるとのいわゆる官僚「隠れ蓑」論がある。草野厚「徹底検証　審議会は隠れ蓑である」『諸君』二七巻七号、一九九五年、九八~一一〇頁。小川一「闇に閉ざされた審議会」『法律時報』六九巻一号、一九九七年、五四~五五頁。前田和敬「官僚機構の政策形成と審議会をめぐる諸問題」『NIRA政策研究』第九巻第八号、一九九六年、三二~三五頁。

133――村松岐夫は、「日本のビューロクラティズムにおける審議会の機能は、「隠れ蓑」という批判的な特徴づけだけでは十分ではなく、政治的に、あるいは利害関係的に関心を持つできるだけ多勢の人と集団を動員し、その意見を取り入れ、決定に同意を確保するうえで大きな意味を持っている面に注目すべきであると思われる」と述べている。村松岐夫『戦後日本の官僚制』東洋経済新報社、一九八一年、一三三頁。

134――専門性を重視する私的諮問機関は政策課題の設定から選択肢の特定までの政策形成の前半過程で、民主性に重きをおく審議会は選択肢の特定から権威的決定までの政策形成の後半過程で機能することが多い。笠京子「省庁の外郭団体・業界団体・諮問機関」、西尾勝、村松岐夫『講座行政学　第4巻』有斐閣、一九九五年、九七頁。村松岐夫が指摘するとおり、「総理大臣や大臣の私的諮問委員会は、現制度のなかで、イノベイティヴな発想を引き出すために利用される」のである。村松岐夫『戦後日本の官僚制』一一八頁。

135――「専門的知識や経験の吸収」と「専門的意見の聴取」の区別については、次の文献を参照。Philip Everts, “Academic

"Experts as Foreign Policy Advisors: The Functions of Government Advisory Councils in the Netherlands," p. 66, Michel Girard, Wolf-Dieter Eberwein, and Keith Webb, eds., *Theory and Practice in Foreign Policy-Making: National Perspectives on Academics and Professionals in International Relations,* London: Pinter Publishers, 1994, pp. 64-81.

136―「第3章」防衛庁草稿原案、五頁。「第16回議事録」一五～一六、二一～二二、三一～三二、三三頁。畠山「当面する安全保障の諸問題」三三～三五頁。防衛庁が心配していたのは、解除すると国際平和協力法には規定されていない警護を指図されることになるかもしれないということであった。

137―防衛計画の大綱は、「安全保障会議設置法」（昭和六一年五月二七日法律第七一号）により、内閣に設置された安全保障会議の審議事項の一つとされている。防衛研究会編『防衛庁・自衛隊』第五章。

138―本懇談会の報告書は、それ「が、安全保障問題に関する国民的理解の深まりに資するところがあるならば幸いである」という一文で締めくくられている。九〇年代前半における国民意識の変化については、次の文献を参照。秋山『日米の戦略対話』一六六～一六八頁。

139―「第1回議事進行メモ（座長選任後）」。「第1回議事録」二～三頁。「防衛問題懇談会運営要領（案）」第一回（二月二八日）資料四。樋口廣太郎「私と西廣顧問」追悼集刊行会編『西廣整輝』二八九～二九二頁。NIDS編『佐久間』下、二一六頁。私的諮問機関の場合、「私的であるため法的な情報公開の義務はなく」「議事録の公開の義務付けはされていない。」西川明子「審議会等・私的諮問機関の現状と論点」『レファレンス』第五七巻第五号、二〇〇七年五月、六二、六五頁。

140―小原成司、彦谷貴子、城山英明「第9章　防衛庁・自衛隊の政策形成過程」二九三頁、城山英明、細野助博編著『続・中央省庁の政策形成過程――その持続と変容』中央大学出版部、二〇〇二年。財界人が座長になる場合が、首相・大臣レベルや内容的に重要なテーマを扱う機関に多い。辻中豊「社会変容と政策過程の対応――私的諮問機関政治の展開」、『北九州大学法政論集』第一三巻第一号、一九八五年九月、三四頁。

141―渡邉は「最初から西広さんは僕にドラフトを書かせるつもりだった」と述懐している。「渡辺昭夫氏」一二頁。

142―NIDS編『西元』下、二〇六頁。『読売新聞』一九九四年八月一三日、三面。

143―坂田防衛庁長官が七五年に開催した「防衛を考える会」は、「防衛庁内部における合意形成」と「国民世論の理解促進」を促進するという役割を果たした。真田「戦後日本の防衛政策史」一八六頁。

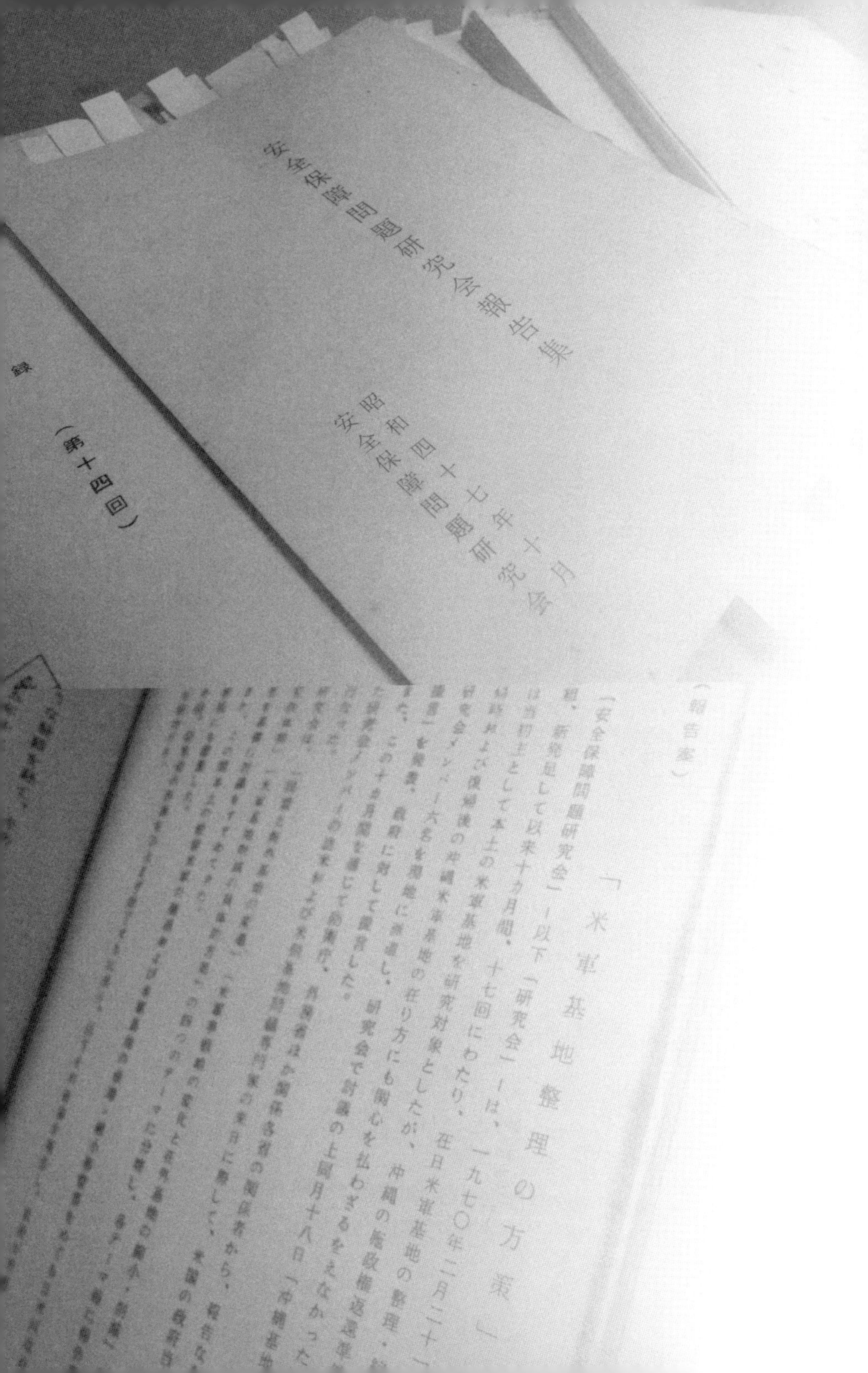
安全保障問題研究会報告集
昭和四十七年十月
安全保障問題研究会
（第十四回）
（報告書）
「米軍基地整理の方策」

主要人名索引

ア

カ

サ

タ

ナ

ハ

主要事項索引

英字

ア

カ

サ

真田尚剛（さなだ・なおたか）第3章執筆

立教大学社会デザイン研究所研究員、立教大学大学院兼任講師、明星大学非常勤講師
1983年生まれ。2006年駒澤大学法学部卒業。2015年立教大学大学院社会デザイン研究科博士後期課程修了。博士（社会デザイン学）。主要論文に「新防衛力整備計画の再考——策定過程における防衛力整備の方向性を中心に」『国際安全保障』第42巻第1号（2014年）、「防衛政策・自衛隊の正当性の揺らぎ——1970年代前半における国内環境と防衛大綱に至る過程」『年報政治学2016−Ⅰ 政治と教育』（2016年）などがある。

平良好利（たいら・よしとし）第5章執筆

獨協大学地域総合研究所特任助手、法政大学非常勤講師
1972年生まれ。1995年沖縄国際大学法学部卒業。2001年東京国際大学大学院国際関係学研究科修士課程修了。2008年法政大学大学院社会科学研究科博士後期課程修了。博士（政治学）。著書に『戦後沖縄と米軍基地——「受容」と「拒絶」のはざまで 1945−1972年』（法政大学出版局）。

宮岡勲（みやおか・いさお）第6章執筆

慶應義塾大学法学部教授
1965年生まれ、慶應義塾大学法学部卒業、外務省勤務、オックスフォード大学大学院社会科学研究科政治学専攻博士課程修了、D.Phil.取得。大阪外国語大学助教授、大阪大学准教授などを経て現職。専門は国際政治理論、安全保障研究。最近の主要論文に「軍事技術の同盟国への拡散——英国と日本による米軍の統合情報システムの模倣」『国際政治』第179号（2015年）、「軍事力を基盤とするソフト・パワー——ナイ・イニシアチブを事例として」『国際安全保障』第39巻第4号（2012年）などがある。

編著者略歴

河野康子（こうの・やすこ）編者・はしがき及び第4章執筆

法政大学法学部教授
1946年生まれ。津田塾大学学芸学部卒業。東京都立大学大学院社会科学研究科博士課程満期退学。法学博士（東京都立大学）。東京都立大学法学部助手などを経て現職。専門は日本政治史、日本政治外交史、日米関係論。単著に『沖縄返還をめぐる政治と外交』（東京大学出版会）、『戦後と高度成長の終焉』（講談社）、共編著に『自民党政治の源流』（吉田書店）などがある。

渡邉昭夫（わたなべ・あきお）編者・序章執筆

一般財団法人平和・安全保障研究所副会長、東京大学名誉教授、青山学院大学名誉教授
1932年生まれ、東京大学文学部卒業、オーストラリア国立大学にてPh.D.取得。東京大学教養学部教授、青山学院大学国際政治経済学部教授、財団法人平和・安全保障研究所理事長などを歴任。専門は国際政治学、日本外交論。主著に『アジア・太平洋の国際関係と日本』（東京大学出版会）、『大国日本のゆらぎ』（中央公論新社）など。

板山真弓（いたやま・まゆみ）第1章執筆

東京大学総合文化研究科学術研究員、フェリス女学院大学非常勤講師
1976年生まれ。東京大学教養学部卒業。同大学院総合文化研究科博士課程単位取得退学。博士（学術）。主要論文に「日米同盟における軍事委員会設置構想とその挫折」『国際安全保障』第43巻4号（2016年）、「防衛協力小委員会設置を巡る日米間の相克」『アメリカ太平洋研究』第16号（2016年）など。

小伊藤優子（こいとう・ゆうこ）第2章執筆

1984年生まれ。拓殖大学商学部卒業。同大学院国際協力学研究科安全保障専攻博士後期課程修了。博士（安全保障）。

安全保障政策と戦後日本 1972~1994
——記憶と記録の中の日米安保

二〇一六年八月一九日　初版第一刷発行

編著者　河野康子・渡邉昭夫

発行者　千倉成示

発行所　株式会社 千倉書房
〒一〇四-〇〇三一　東京都中央区京橋二-四-一二
電話　〇三-三二七三-三九三一(代表)
http://www.chikura.co.jp/

造本装丁　米谷豪

印刷・製本　精文堂印刷株式会社

Printed in Japan〈検印省略〉
ISBN 978-4-8051-1099-7 C3031
乱丁・落丁本はお取り替えいたします

叢書
21世紀の国際環境と日本

001
同盟の相剋
水本義彦 著
比類なき二国間関係と呼ばれた英米同盟は、なぜ戦後インドシナを巡って対立したのか。超大国との同盟が抱える試練とは。
❖A5判／本体 三八〇〇円＋税／978-4-8051-0936-6

002
武力行使の政治学
多湖淳 著
単独主義か、多角主義か。超大国アメリカの行動形態を左右するのは如何なる要素か。計量分析と事例研究から解き明かす。
❖A5判／本体 四二〇〇円＋税／978-4-8051-0937-3

003
首相政治の制度分析
待鳥聡史 著
選挙制度改革、官邸機能改革、政権交代を経て「日本政治」は如何に変貌したのか。二〇一二年度サントリー学芸賞受賞。
❖A5判／本体 三九〇〇円＋税／978-4-8051-0993-9

表示価格は二〇一六年八月現在

千倉書房

叢書 21世紀の国際環境と日本

004
人口・資源・領土
春名展生 著

人口の増加と植民地の獲得を背景に日本の「国際政治学」が歩んだ、近代科学としての壮大、かつ痛切な道のりを描く。

❖A5判／本体 四二〇〇円＋税／978-4-8051-1066-9

005
「経済大国」日本の外交
白鳥潤一郎 著

戦後国際社会への復帰を進める日本を襲った石油危機。岐路に立つ資源小国が選択した先進国間協調という外交戦略の実像。

❖A5判／本体 四五〇〇円＋税／978-4-8051-1067-6

千倉書房

表示価格は二〇一六年八月現在

台頭するインド・中国

田所昌幸 編著

巨大な国土と人口を擁するスーパーパワー。その台頭は、アジアに、そして世界に、一体何をもたらそうとしているのか。

❖A5判／本体 三六〇〇円＋税／978-4-8051-1057-7

アジア太平洋と新しい地域主義の展開

渡邉昭夫 編著

17人の専門家が、各国事情や地域枠組みなど、多様かつ重層的なアジア・太平洋の姿を描き出し、諸国の政策の展開を検証する。

❖A5判／本体 五六〇〇円＋税／978-4-8051-0944-1

東アジアのかたち

大庭三枝 編著

中国の台頭と米国のリバランス戦略の狭間で激変する東アジアの「かたち」(地域秩序)を日米中アセアンの視座から分析。

❖A5判／本体 三八〇〇円＋税／978-4-8051-1093-5

表示価格は二〇一六年八月現在

千倉書房